把時間買回來

讓你一本驚醒、一本初衷的經管奇書

丹・馬特爾 DAN MARTELL——著

張家綺——譯

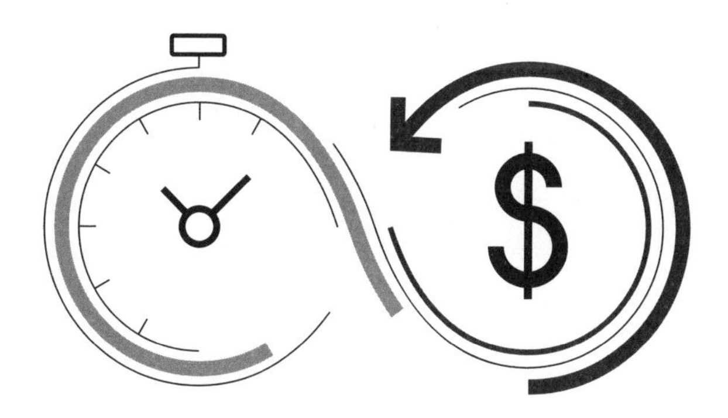

BUY BACK YOUR TIME

GET UNSTUCK, RECLAIM YOUR FREEDOM, AND BUILD YOUR EMPIRE

獻給芮妮、麥克斯、諾亞，你們就是我的一切。

目錄

作者序

事業能載我，亦能覆我

我盯著旅行袋中的槍。

要是我掏槍指向警察，他們就會替我終結這可悲的人生。

我抹掉眼皮上的汗水，瞥向後視鏡。兩名武裝警員正全速朝我的車直奔而來。在此之前，我們進行了一場高速追逐戰，而我撞上一棟房屋側邊。現在他們正追上來，見到我大可直接開槍。我真的玩完了。

一股絕望湧上我的心頭。人生鬧劇如走馬燈般閃過腦海。小學順手牽羊，中學住少年之家，高中遭到退學。

有天老媽在家中發現毒品、現金和偷來的手槍後，終於忍無可忍，打電話報了警。多虧我哥皮耶通風報信，我才沒坐等警察上門抓人，而是收下他給我的六十三塊錢，開始了跑路人生。我躲過狩獵營區，借住朋友家沙發，連續幾週和警察玩你追我跑的遊戲，最後決定離開位在加拿大新不倫瑞克省蒙克頓（Moncton）小鎮的老家，前往伯伯居住的蒙特婁。

我偷來一輛車，打算遠走高飛，可惜上路沒多久就碰到臨檢。我向警察扯謊自己忘了帶駕照，趁他們轉身用電腦查詢我的資料時發動引擎，火速開溜。

接下來幾分鐘，就像一部活生生的警匪追逐戰：我猛踩油門，狂按喇叭，在車陣中穿梭蛇行，直到撞上一棟房屋側邊。

就在那時，我手伸向槍。

準備掏槍時，手槍卻好死不死卡住，怎樣都拽不出來。於是警察把**我**拽上了巡邏車。

時間快轉至成人監獄，我依照罪行被判處六個月徒刑。監禁期間，我想方設法保全自我，不捲入麻煩，無奈本性難移，最後我還是因為跟人打架，被丟進了禁閉室。好不容易經歷七十二個鐘頭只穿著內褲的關禁閉後，獄卒布萊恩走進我的牢房。「來吧。」他帶我到側室，要我進去，接著鎖上了門。我環顧室內，發現這是唯一沒有監視器的房間。

我心臟狂跳，差點沒跳出喉嚨。布萊恩盯著我許久，才拋出一個簡單卻意義深遠的問題：

「阿丹，你為什麼在這裡？」

「哦，因為我早餐時和柯克幹架——」

他打斷我：「不是，我是問你，你怎麼會坐牢？」

我支支吾吾，丟出幾個蒼白無力的答案：「我偷車，又跑給警察追——」

布萊恩插話：「不是啊，阿丹。我在這裡工作近十年了，看過的小鬼多的是。簡直**太多了**。可是我注意到你會認真做功課，而且不惹麻煩。你跟他們明顯不是一掛的。所以我不是很理解，**你**不該出現在這裡啊。」

布萊恩解釋他認為「我的人生不該只有這樣」時，滾燙的淚水從我的面頰滑落。在那天之前，所有人都說我是大麻煩，唯獨布萊恩看出了我的潛能。而他這番話，給我帶來美好人生的希望。

回首過去，雖然經歷了到處惹事生非的童年，但我一**直以來**都展現出潛能：滿腦子鬼點子，不怕承擔風險，擅長交涉，就算身處混亂局面也能冷靜應對。也可以說，我已經展現出身為一個企業家必備的技能——只是還沒找對發揮方向。

而下一站，成為了我的人生轉捩點。和布萊恩對話後沒多久，我就被轉送到淺灘（Portage）青少年診療中心。在那裡，我繼續洗心革面，認真做好每項指派任務，用功讀書，還和負責維修的瑞克變成了朋友，他就像我的大哥。某天幫瑞克清理廢棄小木屋時，我在舊電腦旁發現一本Java程式語言教學書。翻開書的那一刻，我大吃一驚。我以為電腦程式設計會很像象形文字，充滿艱澀複雜的數學公式，可是這……**這**讀起來和日常說的英語沒有兩樣。我被吸引住了。於是我插上電腦插頭，按照手冊第一章的簡易教學，輸入一串指令。幾分鐘後，程式跑了起來，螢幕上浮現幾個字：

「Hello, World!」（你好，世界！）

就是它。我豁然開朗。只要打出一串指令，就能獲得預期的可靠結果，而且屢、試、不、爽。軟體的可預測性，恰恰與我不可預料的混亂童年相反。自那天起，寫程式就成為我新的癮。

我很快就發現，自己對於設計軟體和系統相當著迷。一直到現在，教客戶打造公司的系統、把混亂化為可預期的狀況，依舊讓我興奮不已。當時的我天真且自滿，傻傻不知「Hello, World!」是每本初學者程式語言書的第一課，我不過懷著沒來由的自信，一頭栽進了「網路」這個嶄新世界。我運用童年害我麻煩不斷的同一套技能，在創業道路上全速衝刺。事實上，多虧那混亂的童年，未知完全嚇不倒我，我簡直就是當老闆的料。一九九八年，十八歲的我開了第一間合法登記經營的公司，名為「航海假期」（Maritime Vacation）的度假租屋網站。二十一歲時，我又開啟第二個事業，一間名叫「NB網路」（NB Host）的網頁應用程式主機公司。創業之路拯救了我的人生，還為我指引方向。但有個問題。我只曉得一件事，那就是蠻幹：日復一日勤奮工作，認真賺錢，不惹麻煩。直到前兩間公司慘敗收場，我都還沒學到與人合作的眉角，也不懂得如何巧妙運用時間，我心知肚明的只有一件事，那就是我的血液裡流著創業熱忱。於是我衝衝衝，在二〇〇四年開了第三間公司：「球體科技」（Spheric Technologies）。苦心付出總算有了結晶——至少在事業方面是如此。我每天工作十五至十八小時，換來高達一五〇%的年營收增長率，卻犧牲了私人生活。在大婚之日的四個月前，某個稀鬆平常的一天，我從天光破曉就埋頭工作，直到深夜回家時，看見未婚妻愁眉苦臉。

「我沒辦法再這樣下去了。」說完，她拔下訂婚戒指放在桌上。

顯然我未來的妻子認為，要是我真想和她共度餘生，就必須真正花**時間**陪她。

一開始我完全沒發現，其實兩間失敗的公司和失敗的感情關係，都有一個共通點，那就是：**我**。

蠻幹心理就是我的致命傷，它害我看不清其他重點。我心裡很清楚，關於經營公司和管理人生，我得找到更好的方法。

我有所不知，提供解決方案的種子其實早已埋下。

早在未婚妻離開的幾年前，我就已經開始閱讀商業理財書。我買了提姆・桑德斯（Tim Sanders）的《愛，殺手級應用》（*Love is the killer app*）有聲書，讀完（應該說聽完）後心想，哇，我剛才只花了二十美元和幾個小時，就讀完了二十年的人生經驗。我還能找到多少像這樣的書？

自那以後，我開始大嗑經典著作，像是戴爾・卡內基（Dale Carnegie）的《人性的弱點》（*How to Win Friends and Influence People*）、拿破崙・希爾（Napoleon Hill）的《思考致富》（*Think and Grow Rich*），以及史蒂芬・柯維（Stephen Covey）的《與成功有約》（*The 7 Habits of Highly Effective People*）。這些書讓我的事業經營暢行無阻，但光這樣還不夠。我需要不同的**人生**管理術，我需要一個系統，讓我在晉升為更成功的企業家的同時，也能成為一個很棒的人。痛失未婚妻就是我最需要的當頭棒喝，提醒我必須去尋找真確且完整的人生解方。我不斷閱讀、尋覓、試驗，從各處發掘那些能讓我奪回人生主控權、活出熱血、擁有事業，同時不被事業吞噬的祕訣。我來者不拒，並且活用我從書本、導師、課程中學到的原理、技巧、手段、系統。而我漸漸看見成效：

我慢慢學會**做**我熱愛的事（領導公司），**當**我想當的人（朋友、父親、丈夫）。我領悟到一件事，那就是創業與我不可分離，因為我**就是**個企業家。二〇〇八年，我賣掉球體科技，賺進人生第一桶金，這徹底顛覆了我對可能性的認知。緊接著我在二〇〇九年搬到舊金山，開創下一間公司「流動城」（Flowtown），繼續建立團隊、打造幫助我挪出時間與精力的基礎架構，並把奪回的時間與精力投資在其他方面。奇怪的是，這一次，公司越是成長，我空出的時間也**越多**。我找到了一種拓展公司並同時增加個人時間的方法。接著，我又發現了一件意義更深遠的事。

看見其他企業家發現了同樣的真理時，我的內心最滿足快樂。

我的核心原則如下：學習、執行、傳授。不親自執行就學不會，而當你學到寶貴知識，就應該傳授給他人。個人經驗、傑出的心靈導師以及幫過我的指導教練讓我知道，突破事業的**不二法門**，就是買回你的時間，並把時間用在最重要的事物上。

二〇〇六年，我開始透過部落格分享自己學到的成長策略。雖然我不是買回時間的專家，但我想盡一點心力，分享自己學到的公司成長技巧。後來，讀者開始會在我的文章下留言。二〇〇八年，我開始在會議上演講，聽眾多半和我一樣，是經營軟體公司的老闆。剛開始多半是談公司策略，例如我在矽谷重鎮學到的成長行銷策略，但我更有興趣的，其實是幫助創業人士和創始人們學會**生活**。從我的部落格和會議中可以發現，不只有我深受蠻幹心理所苦，許多企業家也深受其害，而這個頓悟加深了我服務人群的決心。

二〇一二年流動城被收購後，我立刻開創了「明晰」（Clarity），是一個串連新創公司創辦人的市集，在這裡，可以找到開創新事業所需的任何解答，從給新創公司的忠告，到法律問題、市場策略，通通都有。我再次從經驗中體悟到，多虧之前讀過的書和收到的建議，我才能有今天的成就。對這些創辦人而言，明晰似乎是個尋找解答的完美管道：他們只需要支付一小筆費用，就能獲得資深企業家的提點建議。我知道有些創辦人的問題再真實不過，而且意義深遠，只要獲得所需的解答，他們就能打通公司組織的任督二脈。二〇一四年明晰被收購後，我又繼續尋覓下一個挑戰。

二〇一五年，我開了「軟體即服務學院」（SaaS Academy），一個專為軟體公司創辦人打造的YouTube頻道。我在頻道隨心所欲地分享商業資訊，也分享私人層面的策略，例如重視能量管理勝於時間管理，公司教戰手冊（標準作業流程）的重要性，以及最根本的重點：如何買回時間。收到的回饋讓我大為震驚：「就像簡潔明瞭的療法」、「這是我個人看過觀點最突破的影片」。顯然我誤打誤撞，發現了幾乎普世皆通的真理：大家都苦苦掙扎，無法在事業和個人時間之中找到平衡。

天生的企業家必須找到活得充實的方法，這說的不僅是事業，還有人生。

或許你已經吃過不少蠻幹的苦果，或許你已經小有成就。拚命工作，甚至不惜犧牲人際關係，這樣的付出確實會換來回報——從某個層面來說。

但到了某個節點，成功會開始停滯不前。你單槍匹馬，時間有限，卻得兼顧令人耗神費力的公司、家庭、朋友。

你發現自己害怕工作，因為心知肚明有回不完的電子郵件、滅不完的火，還有數不清的客戶、顧客和員工等著把工作推給你。接著你開始害怕回家，因為儘管你已經精疲力竭、壓力山大，腦中卻不斷想著還沒完成的工作。如果你覺得這些很熟悉，那這本書就是獻給你的。這本書是寫給所有想買回時間的人，讓你在推動公司發展的同時，還有餘裕從事個人熱愛的事。如果不創業，你會覺得自己不是真的活著，畢竟創業存在於你的DNA。但要是你的公司正慢慢謀殺你、你的家庭或人際關係，而工作任務正吞噬掉你所有的時間與精力，你也不能繼續這麼過下去。那就別這樣下去了。我會協助你找到更好的方法。

這就是我改變方法的故事，而你也可以做到。

打造不讓你日後哀怨的事業

史蒂芬．柯維曾說：「關鍵不在於如何運用時間，而是如何投資時間」。[1] 而在本書中，你會學到投資時間的**確切**方法。你將獲得一套系統化的方法，也就是我經歷了兩間失敗公司、跑了一個未婚妻、讀完超過一千兩百本商業理財和心靈成長書、經營世界最大規模的軟體即服務訓練指導團體，以及四處進行買回時間的演講後，綜合得出的策略和技巧。

我不但親身應用書中傳授的技巧，也幫助成千上萬名創辦人和企業家買回時間和精力，重新調配到對的地方。他們都變得更精神飽滿，對未來充滿期待，並且再次熱愛自己的事業。在工作場合中，他們的員工變得更快樂了。在家庭中，他們也變成更好的朋友、伴侶、家長。噢，還有，他們的公司也驚人成長。

大部分的企業家都覺得，公司要獲利豐收，就必須努力工作。這也許是實話，但唯有領導人，也就是你本人學會買回時間，你的**事業帝國**才可能蓬勃發展。奪回人生的主控權，再次享受你的工作，然後找回事業帶給你的自由吧。

相信我吧，我現在知道，在創業的同時擁有自由時間並兼顧人際關係，這些事非但有可能達成，甚至環環相扣：心情更美麗的阿丹成為了更優秀的企業家，而更優秀的企業家，也能成為一個更棒的父親，和更有愛的丈夫。

我曾引導幾百名創辦人學習重新調配個人時間：把時間買回來，並投注在最重要的事物上。他們領悟到，在公司裡越是把時間用在自己擅長的事，個人能量就越充沛，賺的錢也越多，最後又能買回**更多**時間。經營前幾間公司時，我運用的方法完全**相反**，結果公司越是成長，我就越淒慘，最後不但以失敗收場，還連帶拖垮了我的人際關係。

我找到了自己一直在尋覓的解方，而現在我想傳授給你。

以下容我簡單說明一下這本書的內容：

首先，我會教你買回原則、買回循環、DRIP象限等概念。這些心理轉變，會讓你重新思考自己是如何運用在公司的時間。你將學會一眼揪出占據你時間的主嫌，並找出背後原因。光是遞給你這面鏡子，你就能看見大多數企業家經營公司是如何瘋癲，也說不定你就是其中一人。我們會先從時間殺手講起，揭露阻礙你成功的心理限制。

利用書中提到的取代梯（請見第五章），你將學會在日後工作時無限升級任務、排出時間。而第七章的內容中，會教你擬訂一份可複製並傳授給員工的教戰手冊，讓你不必事必躬親，就能完全掌控事業。

我們將在書中探索，該如何玩這場屬於你的無極限遊戲，並深入探討三種你唯一可以進行的時間交易。

在過程中，我會提供幾個小訣竅和偷吃步。譬如，你很快就會學到，**每個**企業家都能馬上交託手中的任務（利用買回率，請見第一章）。我也會教你依照**個人**能量指數，規劃設計專屬於你的完美一週（請見第八章），還會深入探討幾個簡單祕訣，例如大功告成的定義和一三一法則（請見第九章），帶你克服拖垮公司生產效能的瓶頸。（噢，我最愛的訣竅大概就是第七章的攝影機法，不用多花時間就能訓練員工。想要搶先看的話，就立刻翻到這部分吧。）

最後，我會帶你再次做夢（運用第十三章的十倍願景圖），另外還會讓你了解如何打造暖身預備年（第十四章），實現遠大夢想。過程中，你也有功課要做，所有素材我都幫你整理好了，全都在BuyBackYourTime.com/Resources。

*

學會買回時間，助我打造了美好人生。這週，我只用六小時提升我的千萬美元事業，此外還要進行鐵人三項特訓，和市中心貧民區的青年一起當義工，動筆寫新書，還要尋覓新投資項目，把資源和注意力放在事業瀕臨倒閉，但能帶給我充沛能量和喜悅的企業家。最棒的是，我有時間和孩子相處，跟老婆吃午餐，還能一家四口享受晚餐……而且每晚都如此。

以上這些之所以能成真，都不是因為我更賣命工作，而是因為我學會從不同角度切入，思考自己在公司內部的作為，我**投入**的每分每秒才得以**回饋**我更多能量。

這些並非我的個人發現，全是從他人指點、寫書、主持會議、視訊討論等種種過程中學來的，而我要將這些資訊，用十四章的篇幅分享給你。

最後我要說，這不只是你一人的事。這攸關你的事業、員工，以及周遭的人的未來。如果你把自己累垮，他們的生命也會跟著你燃燒殆盡。

現在，就讓我們共同打造不讓自己日後哀怨的事業吧。

第一章

買回時間，是為了找回人生

你的努力，是能幹還是蠻幹？
想讓事業成為人生的墊腳石，
你需要的是通往結果的系統。

目標是你想要獲得的結果，系統則是走向結果的過程。

——《原子習慣》（*Atomic Habits*）作者，詹姆斯．克利爾（James Clear）[1]

史都華找上我時，正在跟生命搏鬥。

「我幾乎踏不出家門，呼吸短促，恐慌症不時發作，我活在惡夢之中。」他告訴我。

幾個月前，史都華負責主導公司應用程式後端程式碼的重大重構。為了監督專案的進展，他一天工作十四小時，沒有週休假日。聖誕節前夕，公司完成程式重構後，史都華請了幾天假，帶老婆和小姨子去迪士尼樂園。在樂園才走了十分鐘，他突然感覺一陣天旋地轉，胸口緊繃，喘不過氣。史都華找了一張長椅坐下休息，安撫家人：「我沒事，妳們先去，我等下跟上。」

史都華明明有事。他心臟狂跳，各種想法閃過腦海。**我該不會在全世界最歡樂的地方心臟病發作吧？**他自問。最後他總算從長椅站起，和家人會合。

但當他回到家後，無情的現實就來敲門了，他的症狀再次出現。健康檢查顯示他的心臟沒問題，那問題出在哪？是他的**焦慮**。史都華滿頭霧水，因為他先前從來沒恐慌發作過。

沒多久，情況就演變成每週發作兩次。到了二〇二〇年三月，迪士尼樂園惡夢發生後不到三個月，史都華幾乎天天臥病在床，戰或逃反應[1]導致他肢體癱瘓。他的行動力很薄弱，就連（在新冠疫情下變成常態的）視訊會議都無法參與。史都華什麼都試過了，讀心靈成長書籍、吃藥治療，甚至逼自己運動，但這種情況下，運動只會讓他更精疲力竭。沒有一招奏效。

在迪士尼樂園事件發生之前，史都華是一名年輕熱血的企業家：三十四歲，受過高等教育、勤奮賣力的實業家。他大學主修財務金融，具備華爾街的工作資歷，二〇一五年開設了第二間公司（應用程式套裝研發公司，幫助小企業刺激線上銷售額）。四年不到，他已有十名員工、開發十幾個應用程式、每天有六十四萬名固定用戶。從大部分角度來看，他都是人生勝利組。

但是，史都華和許多稱職的企業家一樣，經手公司的每個環節，幾乎所有工作任務都事必躬親，因為唯有這樣「才不會出錯」。再說，他還擁有個人可以發揮的專業技能，由於大學時期修過會計，他很清楚怎麼幫公司記帳。此外他還會寫程式，所以每件軟體開發工程師的作品他都參了一腳。就連出差的交通住宿他都是自己訂，會議時程也自己安排。

史都華一點一滴打造出這間成功的公司，憑藉聰穎的腦袋和經驗累積，為企業奠定基礎，養家、雇用員工、為市場提供價值。雖然工時長、犧牲也不少，一切看來都很值得。可是現在不一樣了。

在三十四歲這年，一切戛然而止。他的身體抗議「我受夠了」，公司成長似乎岌岌可危，史都華先前努力打拚的所有，似乎全落在臥病在床、搖搖欲墜的創辦人肩頭。

1 編注：fight-or-flight，對感知到的有害事件、攻擊或生存威脅做出的自然生理反應。

我曾和幾百個有趣的人共事，其中大多是對自己公司充滿熱情的企業家。有時我協助他們擴大銷售團隊、指導他們挖角頂尖人才，又或者是找到廣告行銷方向。但是我更常做的，其實是幫企業家揪出磨耗時間和精力的原因，而這也是我最喜歡做的事。一旦我們一起解開了答案，就能幫助他們找回熱血初衷，創造利潤。

但是二〇二〇年，擁有多間軟體公司的創辦人史都華來找我時，他想要的卻不只是成長策略或行銷計畫，也不是什麼節省錢、時間和精力的方法。

他要找的，是拯救人生的方法。

終止有毒的「蠻幹心理」

一份加州大學柏克萊分校的研究顯示，企業家在人生中罹患憂鬱症、注意力不足及過動症、濫用藥物、躁鬱症的可能性，明顯高於一般人。[2]大多數企業家開公司都立意良善，不外乎是希望提供解決方案、開發新市場，或為了能有更多和親朋好友相處的時間。明明描繪的是璀璨的未來，為何**我們**卻飽受各種身心問題所擾？

答案是？

有一種埋伏在我們潛意識的陷阱思維：**工作越拚，生產效率就越高**。表面上很合理，畢竟愛拚才會贏。這正是誘人之處，也正因為如此，我們才會受騙上當。長時間下來，認真工作的道德讓企業家相信一件事，那就是：付出越多，收穫越多。

窮忙不可能是事業成功的祕方，看看在滾輪上狂奔、忙得跳不下來的倉鼠吧。一直在挖洞的狗也是如此。每天花幾個鐘頭去跑腿、受到團隊成員干擾、忙著處理郵件的企業家，我隨隨便便都能想到好幾個。他們確實成天**忙個不停**，實際成效卻不高。

就連**高效地**忙碌都不是正解。企業家多半都非常高效，能夠一一消滅任務，速度比任何人都快。整體來說，不管是打電話、寄郵件還是談妥案子，他們確實都能**實際完事**。但是高效忙碌要是用錯場合，只會加速演變成史都華的情況。

我剛認識史都華時，他堅信雇用和訓練員工太耗時費力又花錢，相較之下，自己一肩扛起好幾項任務簡單多了。對他而言，這就是做好事情最有效率的方法，於是他一人扛下所有任務。畢竟，這有何不可呢？

史都華不只是簿記員兼會計，還身兼首席工程師、專案經理主管、執行部門總監、客服經理，以及自己的私人助理。

他的高標準和瘋狂的工作道德不容置疑，甚至值得欽佩。但他平時每週工作七十小時，真正忙起來的時候工時甚至高達一百小時，怪不得會在睡美人城堡不遠處恐慌發作。

他不曉得怎麼找回自己的時間，用在真正重要的事情上。

關於如何讓事業進階，有個鮮為人知的祕密，那就是時間只該用在符合以下三個條件的活動：（A）你擅長的，（B）你真正喜歡做的，（C）能為事業創造最高價值的（通常是指帶來高盈利）。符合條件的任務通常會有兩至三種，要是你扛下其他工作，就只會拖垮事業成長、消耗你的精氣神，因此應該從行事曆中劃掉。

沒錯，你目前從事的九五%工作都應該交由他人處理，好讓你專注著手真正重要的事。

《一頁行銷計畫》（*The 1-Page Marketing Plan*）作者艾倫・迪布（Allan Dib）形容道：

> 錢永遠可以再賺，時間卻賺不回來，所以時間務必用於可帶來最高效益的事物。[3]

如果電郵、電話、四處滅火讓你蠟燭多頭燒，我接著要說的或許有點荒謬，但請耐心聽下去。暫時別去想我要說的事是否**可能**，請用一分鐘想像，如果你只需要執行沒人比你強的專長、從事你真正所愛、能為事業帶來瘋狂價值的事，會是什麼**感受**。

你很有可能會鬆一大口氣。你的腦袋會變得清晰，成為一個更好的伴侶、家長、朋友，員工也更開心，畢竟你每天都神清氣爽走進公司，帶領大家實現遠大美好、更振奮人心的目標，放心讓員工各自施展專業實力。就拿我的房地產朋友凱斯為例。

凱斯經營一間成功的房地產公司，在那一帶，沒人比他懂房屋買賣。那麼問題出在哪？他每週大約有二十個小時都掛在電話上，連在家裡都放不下電話。最後他委託雇用一名銷售員（這種情況很常見），專門幫他接電話。凱斯的事業逐漸成長，妻子開心，其他人也賺到了佣金。現在凱斯只處理一〇至一五%的重要電話，至於空下來的時間呢？都用在最重要的事業層面和家人身上。

再說說我另一個朋友馬丁。馬丁是傑出的企業顧問，許多公司找他優化整體銷售流程和行銷策略等層面。他的問題是每週得進行十次即時線上討論，上午一場、下午一場，幫客戶改善效果不彰的臉書廣告。過了一陣子，他開始痛恨這種情況：「每次通話，我都得反覆回答同樣的問題，沒完沒了。」電話討論讓他精疲力竭，更糟的是他分身乏術，無法聚焦其他事業層面。不過馬丁是個創意天才，最後找到了合作夥伴，對方很樂於**無償**幫馬丁回覆電話，因為那也可能是他的潛在客戶。馬丁每週則空出了幾個小時，得以將時間重新投注在公司的重點事務上。

凱斯和馬丁如何運用空出來的時間呢？他們把時間用於公司**最**重要的事務和個人生活。累人的工作轉交給他人後，他們就多出了一項寶貴資產：時間，而那些時間只該用來處理重點事務。事實上，凱斯、馬丁、史都華後來都恍然大悟，其實他們只擅長公司某幾項重點任務，把時間花在其他事情只是勞心傷神（而且還很貴）。他們該做的是巧用經費，買回更多時間。這就是買回原則談的：

1. 如何支配公司最有限的資產：**創辦人的時間**

2. 如何把時間投資在能為創辦人帶來**更多能量**和**財富**的事務上

買回原則的意思是，你應該不斷活用能幫你買回時間的各項資源，接著把多出來的時間，用在讓你活力充沛、大量進帳的事務上。請注意，這裡的重點不是「雇人」，而是雇用員工時必須有目的，那就是：再投資。史都華雖然雇了員工，還是壓力大到差點往生，問題就在於他雇人不是為了買回**他的**時間。

有鑒於此，以下是我為這整個概念下的正式定義：

> **買回原則：別為了拓展事業雇人，而是雇人幫你買回時間。**

這個概念不只能讓你解鎖超乎想像的財富成就，掌握要領後，還能打造創業初期展望的人生。你會在本書學到，如何運用原則買回行事曆的時間，全心全意去做能讓你賺大錢、熱血沸騰的事。接著就會進入美妙的循環：公司賺大錢，你繼續買回時間，並且變得更幸福快樂，持續升級你的時間，買回個人自由。

有人付錢請你做你熱愛的事，你的能量就會上升，收入更優渥，而你也能繼續把時間用於個人專長，公司也會跟著成長。你將在書中發現，你可以持續雇人執行不可或缺的任務，例如行政工作、顧客交貨、後續追蹤甚至是銷售，卻不用**你**親力親為。隨著找上門的工作越來越多，你只需專心做你有熱忱的事，公司盈利自然會滾滾而來。

買回原則表示，除非出自個人意願，否則檢查電郵不該是企業家的工作。

買回原則表示，你只會擅長幾項任務，其他頂多普通。

買回原則表示，你今天選擇的任務，應該是最能創造價值的事。

要是你不信我，我也能理解。大部分的企業家都不相信我，史都華也是，直到他親自嘗試為止。

買回原則的逆轉效應

史都華總算掌握買回原則，專注在重點事務後，局勢全面逆轉。

儘管他幾乎下不了病榻，呼吸困難，但這個善於解決問題的上進創辦人，還是找到了我傳授的教材[2]，兩週內以追劇的速度看完所有影片，並且吸收內化。這是史都華首次發現，自己經營公司的做法有多瘋狂。更重要的是，他發現有更好的做法。

他立刻開始審核自己的時間，最後他大開眼界。史都華和我分享心得：「我一直以來都很注意時間管理，但是我寫下後才驚覺，噢！這件事不該由我來做。」

除了占去他時間的低產值任務多到嚇人，他還花大把時間規劃、管理、完成工程作業。計算買回率時（在下一章會提到），他錯愕不已：他個人時間的每小時產值（一百美元）和他花時間處理其他任務的每小時產值（十美元），差距非常巨大。也就是說，他大多數的工作日都害公司每小時**損失**九十美元。

這過程中，他的健康也受到了牽累。

史都華先排出優先順序，決定接著將哪些任務交由他人處置（我會在第五章教你使用取代梯）。下個月，他也用攝影機錄下準備移交給兩位新人的任務過程（我們會在第七章講到攝影機法）。

史都華學會該把哪些任務交託他人、又該交給誰處理，哪些任務要自己留著做，以及如何管理所有事。他發現自己的整體目標不是管理**生產效率**，而是管理自我能量和情緒。他優化了生產象限（請見第二章），為公司締造傲人佳績，同時保有對工作的真心期待。

不到兩個月，史都華每週已經空出三十幾小時，從每天工作十一小時，縮減至六小時。他成為了更稱職的父親、更貼心的丈夫，甚至還有時間重拾往日嗜好，取得巴西柔術藍帶。

最後，他的公司盈利成長為三倍，個人收入雙倍成長，恐慌症狀也不再糾纏他，以上全在一年內達成。

「我唯一的悔恨，」史都華告訴我：「就是沒有早點遇到你。」

史都華的人生簡單又完美地說明了，該如何買回時間：企業家應該善用資源，買回更多時間。多出來的時間，則應該**全部**用於自己擅長、享受，且能為公司增值的任務。要是史都華現在想再請新員工，他會遵照買回原則：

別為了拓展事業雇人，而是雇人幫你買回時間。

經營事業的痛苦線

史都華的故事雖然有點極端，但有太多企業家都走上史都華的痛苦道路。始終相信所有責任一人扛、再討厭的低產值任務都堅持自己來的企業家，最後終究會步上史都華的後塵。健康、士氣、家庭，或單純只是日常習慣，都可能會分崩離析。創作這本書時，我剛接下三

---

2 作者注：都在我的 YouTube 頻道：SaaS Academy。

名客戶，全都帶著壓力引發的帶狀皰疹或腎上腺疲勞找上我。

受困於這種窮忙循環的人，為了舒緩日常壓力、解放自我，有些會染上各種惡習，如果你是企業家，就會懂我在說什麼——可能是暴飲暴食、熬夜打電玩，或在電視機前當沙發馬鈴薯。如果你靠自己處理問題已有幾十年，很可能會為了「放空」腦袋、遺忘不停糾纏你的日常工作，而從事更危害自我的活動[3]。

還沒奪回自己的時間、重新讓能量聚焦的企業家，隨著事業逐漸成長，只會覺得越來越不自由，因為他們碰到了我所說的痛苦線。

痛苦線所指的，就是再也無法成長的臨界點。對史都華來說，痛苦線挑在他放假去迪士尼樂園時降臨。放假前，他還是一名認真勤奮、凡事求快的企業家，但假期之後，他的身體就不聽使喚了。

他的痛苦線體現在身體健康上。

如果你的情況和大部分企業家類似，那麼在大約擁有十二個下屬、營收剛跨過一百萬美元門檻時，痛苦線就會上門了。這時的你，已經以敬業的工作道德拚出一番事業，即使有員工，還是甩不掉壓力。「責任我一人扛」就是你的心態。

這種愛拚才會贏、「除了我沒人做得到」的心態是很有用，但總有一天會不再管用。你可能持續成長到某個程度，而電子郵件、待辦清單、你痛恨的低產值工作會持續榨乾你，漸漸築成一堵痛苦高牆。你會發現事業成長越多，你越痛苦。你的行事曆排得滿滿滿，負擔持續加重，無時無刻不想著工作，更害怕回去工作。

我指引、開導過成千上萬名不同組織的企業家（以及親自吃過痛苦線的虧），可以告訴你一件事：沒有企業家會在痛苦中淬鍊成長。

企業家會趕在事業變得更讓人痛苦之前，開始**破壞**自己的事業。可能是潛意識中慢慢摧毀，一點一滴、不多不少，剛好足以降低公司成長的痛苦，並調整回你應付得來的難度。

當你爬到痛苦線，而處理日常痛恨的任務和工作，已經到了讓你苦不堪言的境地，你要不是轉換方向（可能是懷抱全新的信念、系統、戰略），就是終止事業成長。有可能是緊急突發狀況（就像史都華）突然終止你的成長，但更可能是你潛意識做出以下三件事，了斷自我成長：

1. 脫手出售

當企業家在事業上吃足苦頭，只想不計代價退出時，通常會決定出售事業。

舉個例子，二〇二〇年有對夫妻打電話給我時，他們公司的年營收已成長至六百萬美元，收益很亮眼，可是他們沒學會應用買回原則。十年過去，他們健康衰退，與朋友漸行漸遠，婚姻亮紅燈，夫妻退化成室友關係。他們徹底玩完了，要求我幫忙脫手事業。我向他們解釋，現在還來得及買回時

---

3 作者注：是真的，有的人會開始暴飲暴食、酗酒，甚至碰白粉。

間、重啟人生，可惜對他們而言，我的協助來得太晚——他們對公司和婚姻的熱情已蕩然無存。

企業家可能會拚搏到動力和熱血都消磨殆盡，所以如果你真想脫手事業，就脫手吧，但是要以**自己開出的條件**出售。不要因為急著擺脫痛苦，而把事業賣了。

2. 蓄意破壞

覺得下列很眼熟嗎？

- 你突然決定推出一項新品，或展開某項事業活動。
- 你急著為網站來場大改造。
- 你不斷為了小差錯踢走關鍵團隊人員。
- 有關公事的決策一拖再拖，最後錯失良機。

要是以上情況聽起來很像你，那你可能撞上痛苦線了。

承受痛苦的當下，許多企業家會潛意識做出破壞公司發展的決定，畢竟成長要付出的代價太沉痛。起初很難看出端倪，一方面是因為他們看似要拓展事業版圖，也很積極嘗試，但每次碰到這條痛苦線，他們就會做出錯誤決定，導致事業倒退回可以管理的範圍，並把這個決定當作失敗的藉口。但他們有所不知，導致公司停滯不前的正是自己。他們帶著決心重新站起來，但是下次碰到痛苦線時，他們還是會做錯決定，並且重複這個循環。

企業家通常不會發現自己就是搞破壞的罪魁禍首，每次衝到痛苦線，他們就蓄意破壞公司的成長，重回他們有把握能監督的程度。他們會突然下這種決定：「我們需要更新網站。」「換個市場試試看吧。」「你這麼做不對！」他們也許會捍衛自己做這些決定的正當性，但實際上只是因為內心不安，所以小題大作罷了。沒人驚覺「我今天會毀了自己的事業」，但他們會合理化不必要的戲劇性決定，並**潛意識**毀掉自己的事業。

3. 拖延術

當你承認：**我寧可公司小一點**，拖延就此發生。這個決定，是**有意識地**不去推動公司的成長。要是目前公司的規模已經讓你忙翻天，事業成長恐怕只會令你精疲力竭。

關於拖延，有個黑暗的祕密：當你決定不讓事業成長，就等於放任它緩慢凋零。

為了順應人性，市場也得跟著進步。蘇珊會不斷想要速度更快的單車，凱文會想買新款 iPhone，賴瑞會想換更大台的電視機。人類所做的每個決定，背後都受到追求成長的基因驅使。即便你經營的只是個地方市場的小事業，要是不求進步，顧客就會另尋更好的選擇。

成長不僅對擴展版圖至關重要，更是存活不可或缺的要素。

拖延最慘的結果，恐怕不只是**顧客**離你而去，連**員工**也會揮揮衣袖離去。一旦你決定拖延成長，最強的員工也會開始倒數他們的離職。童年時期的蘇珊想要速度更快的單車，這樣的本性也驅使著成年後的蘇珊，讓她心心念念著升官加薪，扛下更多事業責任，而要是她發現待在你的公司沒有前途，就會拍拍屁股走人。

當你使出拖延術，即使你沒察覺，實際上也等於應允了事業的萎縮。

*

如果你一想到明天，就深深感受到電子郵件、行政事務、人員管理、你痛恨的各種工作帶來的沉重壓力，那表示你已經來到了痛苦線。不過還有希望：

痛苦線是你改變觀點的轉機。別再認為**事業成長＝更痛苦**，而應該認知到**事業成長＝更自由**。

不信我沒關係，相信史都華就好。

套用買回原則、重新規劃及善用個人時間後，現在他變得生龍活虎，公司進帳豐碩，他也更有時間與家人相處、雇用更多員工。

史都華觀察自己的時程安排，發現他運用時間的方式有點……誇張。他害自己壓力爆表，人際關係受損，諷刺的是，他本來**以為**自己在幫公司的忙，卻反而害慘公司。第一，他沒有善用自己的寶貴時間，為公司賺進最高收益。第二，什麼責任都自己扛，表示他沒有雇用技術一流的人才，出錢請專家代勞（他最後總算雇用了工程部門主管）。

史都華成為自己故事中的英雄。他把工作交給更適任的人選，開始從事他最熱愛的工作：經營公司，最後迎來事業的大爆發。

系統，比目標更重要

先假設你大概已經知道，要是每週能空出十幾小時，專心做你**真正**想著手的公司事務，事業實力就會大爆發。你很聰明，對於安排公司、提升銷售、推動行銷也很有自己的想法。對於如何讓公司運作變得更流暢，你已有幾十種構想。問題是，你同時也有以下想法：

我時間不夠用。

我沒錢雇人幫忙。

這件事沒人比我更擅長。

這份工作沒人要做。

我找不到可以雇用的好人選。

基本上你知道，要是時間夠充裕，公司就能經營得更好，偏偏這些障礙阻擋了你的去路。你需要一套系統。相信我吧，我能有今日的發展，領導並投資幾十間公司，同時**熱愛生活**、有時間和家人相處，全多虧我獲得的指導方針。而我現在也想把這套指導方針交到你手裡。

詹姆斯・克利爾在著作《原子習慣》中，談到了系統與目標的重要性。他寫道：「贏家和輸家都擁有相同的目標，但你不是爬上目標高度，而是踏進系統深處。」我會在書中提供系統，將你拉出史都華故事的前半段，順利走到後半段。

沒人天生想當個壓力山大、健康衰退，人際關係還被拖垮的工作狂。會陷入這種窘境，全是因為企業家缺乏一套久經測試，且能幫創辦人面對特殊挑戰的有效系統。

後面幾章，我會一步步講解如何走到史都華故事的精華。現在，你第一件該了解的，就是買回循環的運作。

買回循環：審核—移交—填補

運用買回原則，買回自己的時間，並把多出來的時間用在能讓你熱血沸騰、發財致富的事物，你就等於打造出我所說的買回循環。

持續**審核**自己的時間，揪出榨乾你能量的低產值任務，儘可能把這些任務**移交**給更擅長、喜歡做這些事的人。最後，用讓你熱血沸騰、發財致富的高產值任務**填補**自己的時間，接著重新啟動這個過程，這就是買回循環。

記住了嗎？審核、移交、填補。運用這個方法，你就能在創業路上持續升級你的時間，而且是屢屢升級。目前榨乾你能量的低產值任務，可能是請款或寄電子郵件。一旦你卸下這些責任，升級自己的時間和能量，你就能著手全新的行銷方案招攬顧客，或有時間做你喜歡的客戶拜訪。最終，你可能不再做這些，而需要琢磨自我的領導力或公司策略，但即使走到這個階段，你還是能繼續**向上**提升，建立一間毫不費力的公司。痛苦降臨的那些時刻，往往是你讓思維升級，展開買回循環、進而改變一生的完美契機。

環顧四周，你心目中的創業界和藝術界巨星身上，也看得見買回循環的案例。

史上最暢銷小說家之一的湯姆．克蘭西（Tom Clancy）雇請寫手，在職業生涯最後二十載，以他的名義創作幾十部書籍。過程中，克蘭西只稍微參與故事的前期指導，他花更多時間在做電影製片和創意顧問，探索令人興奮且有利可圖的新商機。你看見發展趨勢了嗎？克蘭西一開始是作家身分，隨著公司日漸茁壯，他把工作移交他人，繼續他的人生成長和探索，打造出買回循環（審核－移交－填補，審核─移交─填補），從作家身分躍升為講故事的人，再成為電影製片。

再不然看看華倫・巴菲特（Warren Buffett），他把時間投資於兩大任務：閱讀和尋找下一個投資機會。他的波克夏海瑟威（Berkshire Hathaway）帝國總值直逼一兆美元，全球雇員近四十萬名。當然，他並非一**開始**就吃香。起初，他只是一個努力在金融界過關斬將的銷售員。這一路上，他把任務移交他人，升級自己的時間，不斷進步成長。

安迪・沃荷（Andy Warhol）雇用一組離經叛道、野心勃勃的藝術家和繆思女神，協助他發想創意，並打造出他舉世聞名的藝術。後來他卸下多數低產值的藝術創作，移交給他的工作室「工廠」（The Factory）的其他藝術家。沃荷只負責發想點子，創作中段的任務則交給其他藝術家，最後再為作品撒上他的魔法，經年累月下來創造出幾千幅作品。無

圖表一　買回循環

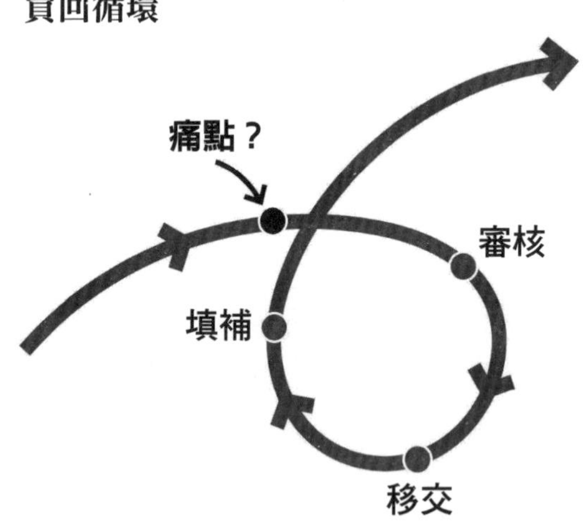

痛苦往往就是做抉擇的時刻——你可以選擇繼續這樣下去，也可以應用審核—移交—填補，升級你的思維和人生。

論沃荷是否稱之為買回原則，他都是靠這套系統，成為當代最具指標性的藝術家，影響力至今不滅。（第五章我們會深入談談沃荷和他的工廠。）

簡單的審核—移交—填補法，能創造無限循環，讓你持續在創業路上升級時間。我絕對不是在貶低勤奮努力的價值，我也不會告訴企業家，工作道德並非成功的關鍵要素。你八成會恥笑我，但我想說的是，良好的工作道德仍然得結合買回原則。

以下方法，可以讓你思考在日常中如何進行**審核—移交—填補**。現在就開始吧。

審核：有沒有我痛恨、卻能以低成本輕易轉交他人的工作？

移交：團隊裡有誰，或者我可以雇用誰（兼職也好）接下任務？

填補：我應該專注哪些我熱愛，且能立刻為公司創造盈利的任務？

審核—移交—填補只是買回原則的簡單口訣，卻能讓你一眼就看出自己為何會這麼忙忙忙。隨著過程的進展，我將提供一套教你如何買回時間的明確系統。但現在，你只需要記得這六個關鍵字：**審核—移交—填補**。

＊

史都華絕不是不稱職的老闆。他做得很好，會計、寫程式、銷售樣樣行。在公司剛起步的階段，一肩扛起所有重責大任在所難免。事業還在草創期時，靠一人咬牙撐住也很正常。但事業遲早會步入成長期，這時你會碰壁，再努力也創造不出必須的成長，接著你不是脫手出售、蓄意破壞，就是使出拖延戰術，**再不然**就得學著改變策略，跨越痛苦線。容我向你推薦買回原則。

買回原則讓史都華、凱斯、巴菲特等幾十位我們稍後將探討的人物，奪回人生主控權、建立事業，隨著事業蓬勃發展，他們也更自由、收入更高。

從現在開始，這就是你將迎接的未來。回顧並審核你支配時間的方式，可能會發現幾十樣能找人代勞的事，把事情移交給那些人，接著以製造能量和金錢的任務填補時間，展開無限的**向上**循環：賺到的錢越多，買回的時間也越多。

重新思索你看待事業的方式。時間是一種貨幣，也是一種手段和方法，能讓你買下你熱愛或痛恨的事物。如果你繼續做自己無法忍受的工作，就會打造出痛苦的事業。但如果你不斷思考如何用金錢換回時間，就能打造出讓你熱愛，而不是讓你想逃的公司。

*

在每一章的最後，我們會有熱騰騰的五個核心重點，還有一個名為「思維練功場」的應用部分，方便你立刻開始運用那一章探討的點子。

☑買回核心重點

1. 買回原則：別為了拓展事業雇人，而是雇人幫你買回時間。
2. **就算凡事親力親為，你也無法讓事業成長**。問題在於你一天只有二十四小時，要是最後什麼都自己來，你（或是你的某段人際關係）就會崩塌。
3. 要是你繼續蠻幹，最後就會達到痛苦線，為了事業成長痛苦不已，然後做出其中一件事：使出拖延戰術、蓄意破壞、脫手出售。
4. 要是真的達到痛苦線，應該把這當作一種回饋循環，是轉換全新思維的大好時機，否則就只能繼續保持現狀，坐等崩塌的那刻。
5. 持續**審核**自己的時間，揪出榨乾你能量的低產值任務，儘可能把這些任務**移交**給更擅長、喜歡做這些事的人。最後，拿那些讓你熱血沸騰、致富發財的高產值任務**填補**自己的時間，接著重新啟動這個過程，這就是買回循環。

思維練功場

每次開Zoom視訊會議和大家分享螢幕時，都會有人發現我桌上型電腦背景的肌肉猛男照。這通常都會引起大家的笑聲，但同時也給我每天持續健身的動力，因為我實在太常看到這張照片了（一天少說有一百次吧）。我會不斷想像我想練出的體格，而這個未來願景，就是驅策我努力的燃料。

透過第一章，我希望你能開始想像，不被待辦清單轟炸、沒有你痛恨的乏味工作雜務的生活。我希望你知道，要是可以買回時間，你想做些什麼。先問自己這個問題：

要是我的時間不必全用在工作上，我要怎麼填補那些時間？

我懂你在想什麼——現在或許還不可能，但先別去想可不可能，去思考你希望怎麼填補時間，然後寫下來。「如果我每週多出十小時的空檔，我要陪伴自己的孩子。」「如果我每週有一天空閒，我會去上瑜伽課。」

現在就拿起筆寫下來。

如果你想要花俏一點，可以加碼製作「願景板」，想像要是空出時間，你的人生會變成怎樣。製作願景板時加入幾幅圖片，像是你和孩子打棒球的照片、某人上瑜伽課的照片、你正在騎水上摩托車的圖片，全部放上去。如果你想觀摩別人的，可以到BuyBackYourTime.com/Resources觀看其他案例。

無論你想做什麼，都務必把畫面植入腦中，用文字或真實圖片呈現你買回時間後的**未來**人生。

第二章

能量與獲利的天秤：DRIP 四象限

認清屬於自己的天才領域，
為不屬於你的任務標上合理價格，
快樂與財富，就不是選擇題。

歐普拉的童年並不好過，她像是一顆人球，在祖母、媽媽，以及她稱之為爸爸的男人維農（Vernon）之間被踢來踢去。幼年時期飽受虐待，青少女時期意外懷孕，而這些不過是她這名年輕黑人女孩在一九六〇年代遭遇的其中幾個困境。

一九七七年，二十多歲的她找到一份新聞播報的工作，隔年卻遭到降職，顯然全是因為她生錯膚色[1][2]。電視台雇用她，又貌似要開除她，在「不知該怎麼處置她」的情況下，派給她一個收視率不怎麼樣的脫口秀。[3]事後證實，這場降職正是她需要的。

她進行的第一場訪談規模，完全比不上《賴瑞金現場》（*Larry King Live*）。來賓不是總統，不是國王，也不是其他美國領袖，而是「冰淇淋之王」湯姆．凱維爾（Tom Carvel），以及某位肥皂劇男演員。一般來說，這種訪談不會帶來驚天動地的頓悟，對歐普拉而言卻是人生轉捩點。

第一場節目訪談結束後，歐普拉心知肚明：「這就是我該做的事。」[4]之前報導新聞故事時，她都覺得自己在消費訪談對象，利用他們的人生推銷新聞。但當她真誠地走進他人的人生，卻找到了自己的使命。「在脫口秀訪談時，我覺得我可以做自己。」[5]歐普拉從這個起點出發，驚豔全場。你可能已經知道她接下來的故事發展了：後來她開了節目《歐普拉秀》（*The Oprah Winfrey Show*），贏了四十七座日間艾美獎（Daytime Emmys），[1]被封為「媒體女王」，成為世界首位黑人億萬富翁之一。

歐普拉讓人很難不愛。現在的她也許已是名人，但很多人還是覺得她平易近人，說到底，她就像是個再**真實**不過的人。她歷經辛苦煎熬的時刻，即便已經走出令人心酸的成長背景，人生路上依舊遭逢困境。但就在她發現最讓自己充滿能量的事業後，人生鹹魚翻身，她的世界也因此被點亮。歐普拉從新聞記者，晉升為世界知名的脫口秀主持人，後來更成為白手起家的世界女性首富之一。她的故事啟發了幾百萬人，她建立起自己的帝國，並且熱愛人生的每分每秒。

天才領域的優勢

歐普拉主持第一場脫口秀訪談時發現的，正是作家兼心理學家蓋伊・漢德瑞克（Gay Hendricks）所說的「天才區」。漢德瑞克在著作《跳脫極限》（*The Big Leap*）中，把日常任務分成不同區塊。他指出企業家執行天才區任務時，運用的是他們的獨特天賦，而這就是「奇蹟花園的通道」。[6]漢德瑞克所指的，就是你比他人擅長，能為你帶來豐沛能量，市場也能慷慨回饋你的幾件事。你投資在天才區的時間越多，賺的錢就越多。但大部分企業家支配時間的方式**恰恰**相反，做的都是勞神耗時的工作，賺到的錢也較少。

米格是我的指導客戶，也是經營某房地產軟體公司的企業家。當他運用審核—移交—填補的概

1 作者注：她大有可能一路贏下去，但是她後來不再幫節目報名參加獎項。

念，計畫要交出低產值任務時，發現自己淹沒在客服支援票據的大海中：「我滿腦子想著回覆顧客，儘速解決問題。」

和大多數企業家一樣，米格打造的事業，也是以他和他的專業為主軸。但他沒有專注在能產出最高價值的區塊，而是受困於霸占他時間的低產值任務。幸好後來他雇用了某位他認為「比他更有同理心」的員工，來領導他的支援團隊，而對方也熱愛協助顧客。結果公司的客服評價不但提升，甚至還**一飛沖天**。重要的是，米格現在能把時間和能量用來照顧客人的真實需求，同時賺進更多錢。

「現在我積極尋找公司有哪方面需要成長，因為我想達到每小時一萬美元的報酬率，而不是每小時十美元。」

我們都有自己拿手、熱愛，又能賺到最多錢的技能。要求一個世界級婚禮攝影師花時間幫客戶開請款單，或者請頂尖財務分析師每週花幾個鐘頭規畫自己的出差行程，實在說不過去。要是能找人代勞，他們反而會更豐收（也更快樂）。美妙之處就在於，每個人的天才區都不同。

還記得你小時候痛恨的科目嗎？有的人討厭生物課，而我討厭數學課。我痛恨數學課，因為它每分每秒都在榨乾我的能量。

反過來說，我們也會有讓自己熱血沸騰的科目，每次上那堂課都覺得時間過得飛快。我最愛的是美術課，坐在繪圖桌前的每分每秒都充滿創作動力和能量。前一分鐘，我才剛拿出畫筆，下一分鐘已經響起下課鈴聲，不得不放下畫筆。對我而言，這真的不是課業，而是遊戲時間。

你覺得我哪堂課表現比較好，數學還是美術？

答對了。

研究也證實了這個論點。一份哥倫比亞和哈佛大學的研究顯示，有了熱情和堅持，學術成績可能更好。研究了成千上萬份學業成績平均點數[2]，以及學生最期待喜愛的學科後，研究員的發現很簡單：學生越是喜歡某學科，表現就越好。儘管研究結果顯示堅持是關鍵，他們卻也發現「少了熱忱的堅持不叫毅力，而只是折磨。」[7] 把這個道理套用在創業上，就會發現有趣的關聯。這其實很明顯，只是我們常常忘記：熱情就是我們的市場價值所在。我們越是允許自己清空行事曆，把時間投資在讓我們熱血沸騰的工作，事業就越能蓬勃發展。我們只需要學會掌握平衡，擺脫日常瑣事，小心別失控就好。

專精天分，創造價值

我哥皮耶在二十多歲時，展開了房地產開發事業。起初他自嘲是「只懂皮毛的三腳貓」，申請准證、付帳單，每天清晨七點幫木匠擺好工具，傍晚六點幫忙收工具。我是他草創時期的投資人。開業

2 譯注：Grade Point Average，是美國高中及高等教育院的成績制度。

剛滿六個月，皮耶打電話來要我過去一趟。

「你可以來我家一下嗎？」

「可以啊，怎麼了？」我問。

「呃……我們當面說比較好。」他回答。

踏進大門時，我的嘴巴差點合不攏。我有一陣子沒見到皮耶了，目測他大概瘦了九公斤。我環顧他家，**所有**家具都消失了。「皮耶！你家遭小偷了嗎？」

「不，不是……」他結結巴巴：「你聽我說，我不知道哪裡出了錯，但房子都賣不出去。」

目前兩棟房屋竣工，第三棟還在蓋，毫無營收的情況下，皮耶深陷財務危機。他撒錢重新裝修自宅，刷爆三張信用卡，然後把自家家具移到樣品屋，冀望家具陳設能幫他賣出房子。他的臥室地上擺著睡袋和漏氣的充氣床墊，每晚充好氣和他的小狗一起入睡，隔天一早卻在硬梆梆的地板上醒來。

我哥是很精明的銷售員。小時候，爸爸會在夏天經營炸魚薯條餐車，生意不錯。八歲的皮耶看見許多客人在大太陽下排隊，但他估計大約一半的人只打算買冰涼汽水，最後卻都因為不耐久等而放棄走人。於是他拖著一台冷藏箱，在爸爸的餐車旁賣起了冰涼汽水，一天就賺進三百美元。十二歲那年，皮耶買下一部中古車翻新出售，再拿這筆錢如法炮製，翻新出售。到了十六歲，他靠翻新出售中古車賺到的錢買了一部新車，是一部閃亮的白色福特野馬GT。如我所說，他是很精明的銷售員。

我在皮耶家裡，試著安撫他。「別擔心，皮耶，我們一起想方法。」

售。

他主要的問題是樣樣只懂皮毛的三腳貓思維，平時忙著拾起鐵鎚，卻忘了他真正的專長本領：銷售。

這次見面後，皮耶轉換思維，專注在他最擅長的區塊——銷售。這時他總算理解他的目標客群，也很快就發現，儘管房子蓋得很好，還是缺乏漂亮外觀、造景、裝飾元素、明亮色彩或暖調燈光，而這些都是買房決策者（通常為女性）考量的重點要素。他找來一位建築師，重新設計裝潢，搭配大窗、高功能廚房、精美浴室，後來他從一開始的差點破產，變成第二年成功賣出十六棟房屋。長時間下來，皮耶學會委派工作、著重專精，讓馬特爾客製宅（Martell Custom Homes）成為了加拿大大西洋省份最大規模的客製宅建築公司。

重要的事值得再重複一遍：你具備能創造真實價值的天分。所以現在就清空行事曆，專注發揮你的天分吧。

用天分換酬勞

帕雷托法則（Pareto Effect）指出，八分成果來自二分付出。對企業家來說，廣為人知的九五比五法則讓這個數字更戲劇化了：你的**五%**付出，會決定**九五%**的公司收益。

意思是說，如果你今天工作時，花了十小時回覆電子郵件、打電話、和員工溝通、開會、開發內容，只剩**三十分鐘**的付出能為事業帶來實際結果。更可怕的是（哥倫比亞和哈佛大學的研究已顯示），要是你不喜歡做某件事，你也很難拿手。換句話說，你以為稍微犧牲奉獻、努力做好自己不拿手的事是值得的，事實上只是讓公司**受苦**，落得雙輸局面。我很清楚，因為我也曾經這樣（詳見作者序！）。

試想，每份任務都有兩條垂直的座標軸：一條象徵著能量，一條則象徵著金錢。一份任務可能會消耗你的精力，也可能燃起你更多能量；可能讓你兩手空空，也可能讓你大賺一筆。

讓你吃不消的任務大多處於左下角的區塊，既賺不到錢又元氣大傷，你的生活還會變得亂糟糟。當歐普拉談論與人的情感和經歷有關的故事時，能為觀眾創造最高的價值，但在歐普拉發現這件事之前，她只將時間花在新聞播報。她覺得自己剝削利用了觀眾，而不是服務他們；她不滿意自己的工作，收入也比較少。等到她發現，自己的個人天賦是透過人物專訪，與全世界分享來賓們的才華、啟發觀眾，她的財富潛能才總算大爆發。

皮耶回歸銷售之前，也站錯了位置。他身兼太多雜務，但沒有一項真正能為他賺錢，反倒把他的能量消耗殆盡。他不斷衝刺事業，卻漸漸偏離個人熱愛。同樣地，他沒有收穫豐碩的成果，反而為了每天繁瑣的工作放棄了熱愛的銷售，最後還債務纏身，差點破產。

要是你回顧自己的創業之路，卻看見現在進行的事務創造不了價值，同時還把你榨乾，那你內心八成是既混亂又絕望。

擁抱熱愛，解鎖成就

歐普拉過著大多人欽羨的生活。她在二〇一八年受《哈潑時尚》（*Harper's Bazaar*）專訪時，已是世界女首富之一，似乎很熱愛生活。她在訪談中詳盡描繪了自己的日常生活[8]：

- **上午七點零一分**：在位於加州蒙特斯托（Montecito）、大自然環繞的自家醒來。
- **上午八點**：刷牙，帶五隻家犬出門散步。煮她最愛的濃縮咖啡。
- **上午八點半**：進行她喜歡的心靈活動，像是冥想、閱讀、靜心。
- **上午九點**：運動一小時。
- **上午十點半**：在自家客廳與知名設計師布魯內諾・庫奇內利（Brunello Cucinelli）進行私人購物。
- **中午十二點半**：和她的另一半史戴門（Stedman）或朋友吃午餐，在自家花園小酌粉紅葡萄酒。
- **下午一點半**：花兩小時處理公事，通常是批准超過十萬美元的經費，與《歐普拉雜誌》（*O Magazine*）特約編輯蓋兒・金（Galye King）及慧儷輕體（Weight Watchers）的執行長檢視公司狀況。
- **下午三點半**：第二次運動，運動結束後享受鮮泡茶飲，配一本好書。
- **晚上六點**：吃晚餐，出門遛狗，有時她也喜歡找一部好電影看。
- **晚上九點半**：豪華的洗浴時光。然後上床睡覺。

希望你有抓到重點：歐普拉處理傳統公事的時間，**一天只有兩小時**，其他時間都用來照顧個人健康、發掘探索、心靈成長。她知道自己最高的價值，就是為觀眾保持她別具洞察力又吸引人的觀點，並開放心態，持續探索（她自己似乎也自得其樂）。她把時間與能量用在能為企業帶來寶貴資產的事務，創辦多間媒體公司，累積近三十億美元淨值，財源滾滾來，而且做的都是讓自己熱血沸騰的事。

你會發現，不分領域產業，其他高成就人士的生活也大同小異。

也許你會覺得他們只是運氣好，或本來就具備優勢。但事實上他們都是按照買回循環打造人生，再把時間投資在真正重要的事務上，收割豐碩成果。

克蘭西、巴菲特、歐普拉、沃荷，或像是米格、史都華這樣的企業家，還有其他成千上萬的人都領悟到，如何有效把時間和能量聚焦在最重要的事上。這幫助他們解鎖自己最龐大的價值，解放個人時間，也為人生帶來喜悅。結果，他們收入增加，又能買回更多時間，再把多出來的時間用在讓他們振奮及賺大錢的地方。對我而言：

成功人士不是因為有錢，才能做他們熱愛的事。

他們之所以有錢，是因為他們學會做個人熱愛的事，而且**只做**那些事。

太多企業家背道而馳，他們以為成功人士才能獨享美好人生，於是他們苦撐到底，繼續品嚐蠻幹心理的苦澀。如果你也是這種人，除非擺脫這種心態，否則永遠無法企及歐普拉的地位。

唯有**今天**就開始效法歐普拉，你才能達到歐普拉的境界。你也許沒有她的財富（還沒而已），但你有足夠經費，可以把最耗時耗力的任務轉交給他人，而這一切都從轉變心態和尋找方法開始：

- 審核你的時間，揪出耗時耗力、可由別人代勞的任務。
- 把時間轉而投資在能製造財富的措施和活動上。
- 安排發展事業的時間。
- 只把時間投資在最能賺大錢、讓你熱血且期待的任務上。

DRIP四象限

歐普拉只把時間用在最能賺大錢，並且讓她充滿能量的事務。借用歐普拉的這個概念，就能得出四大象限，也就是我所謂的DRIP四象限（見圖表二）。

我通常會利用DRIP四象限，跟人們說明他們都是怎麼支配時間。如果你把所有時間都用在左下角，也就是屬於「委派象限」的任務，就應該盡快把這些任務從行事曆刪掉。而處於對向（右上角）「生產象限」的任務正好相反，位於這個象限的都是最重要的事務，能夠帶來無限能量與財富，

圖表二　DRIP四象限

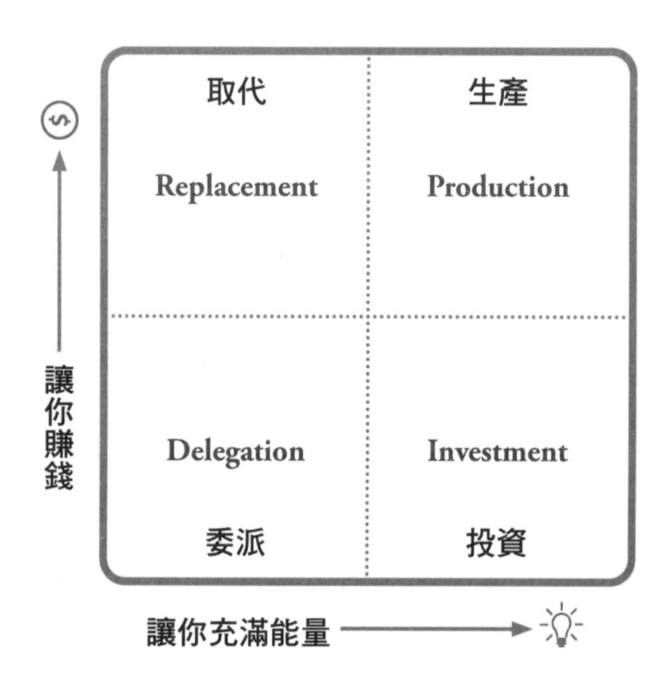

DRIP四象限讓你用金錢和能量的角度出發，清楚看見每一項任務的價值。你的目標就是把大部分時間用在生產象限，部分則用在投資象限。一般來說，委派象限中的任務最好**盡快**擺脫，移除取代象限的任務稍微要花點時間，取代梯（請見第五章）等系統能確保你不深陷取代象限的泥沼。

驅動事業進步。

現在，讓我們來一一了解每個象限吧。

D：委派

不賺錢、耗損你能量的工作

委派象限中的任務，全是榨乾你靈魂的雜務。想想行政工作、發送帳單、請款、安排出差事宜、回電子郵件，和其他諸如此類的事吧。我認識的百萬富翁中，有些人還在做這些事，因為他們不曉得怎麼擺脫。他們不曉得要是審核自己的時間、移交雜務，再以更有收穫的高產值工作填補時間，事業就能更上一層樓。相反地，他們深陷其中，重擔壓得他們無法脫身。

委派象限中的任務應該盡快揪出，可能的話，最好馬上轉交他人。這麼想吧：如果你每年付十萬美元給行銷專員，難道會希望對方每天花六小時擦辦公室窗戶？

如果你做的事收益低**又**耗損元氣，那你的目標很簡單，那就是：盡快交出去。

有次軟體即服務學院的行銷團隊帶著問題來找我。他們需要移轉大量系統資料，而這會花費幾十個鐘頭的人力。原本這段時間，已預定要進行能幫公司賺入數十萬美元的專案，這下時間沒了，還要去做資料處理這種小事，我的團隊深感焦慮。於是我迅速在網路搜尋，找到某位資料遷移**專家**，對方也樂意以不到一千美元的收費代為處理。正因為他們是這方面的專家，所以可能只需要花團隊一半的時間就能辦妥，成效高出一倍，畢竟這是他們每天都在做的。

在第四章中，我們將會說明如何審核時間與能量，才能揪出時間小偷。接著你會確切知道，應該擺脫哪些事務，才能馬上收穫豐碩，並猛踩油門逃出委派象限。只要稍微運用策略，你的人生就會逐漸自由，事業也不再像一場龍捲風。（如果你想現在就開始消除，環顧四周，問問自己：**我該如何進行審核—移交—填補？**）

R：取代

能賺錢、耗損你能量的工作

取代象限裡，都是新進員工培訓、銷售、行銷、團隊管理等重要任務。雖然都很重要，卻可能不像以往讓你熱血沸騰，所以已沒有持續做的必要。

以優先順序來看，委派象限是你得即刻脫手的任務，取代象限的任務和責任歸屬則要稍微思考一下，決定哪些需要委託移交。

一般來說，一旦清楚委派象限有哪些任務後，你花一小筆經費就能立即移交出去，通常大概是行政事務、收發電子郵件、研究、出差等。但是取代象限的任務得花更多心思（想想銷售或行銷），通常也會需要更多經費。

有的企業家剷除低產值任務之後，還是無法發揮生產象限的最高潛能。之所以受困於取代象限，是因為他們要委託外包的任務堆積成山，而且很花錢，他們不確定該從何下手。

這也是為何有時我稱取代象限為陷阱象限——你之所以受困於取代象限，繼續從事銷售、行銷、交付或管理大型團隊等事務，是因為這些工作**確實**能幫你賺錢，只是你已經**無法**從中感受到熱血。從事這類任務當然比低產值、賺不了錢、無法讓你振奮的事要好，但我希望你把目標定高一點，瞄準更好的發展，把歐普拉或巴菲特當成目標。

創辦人常常認為凡事得親力親為，以為那是經營事業的「不二法門」。我同事賴瑞也這麼想。

賴瑞有一家健康食品店，就是類似Sprouts或全食超市（Whole Foods）的店，只是規模稍微小一點。他工作如魚得水，事業也跟著成長，終於，他有了**兩間**商店，此時的他仍然活力充沛。接著他擴展到第三間店，事業發展看似暢行無阻，卻是問題的開始，而他正慢慢跳出委派象限。我和賴瑞敘舊時，他的事業已經讓他恐懼不已。

「阿丹，我做的只有雇人、開除、訂貨，卻還是忙瘋了，真的累慘了。」

「你有助理嗎？還是店經理？或是能幫你分憂解勞的『左右手』？」我問。

「沒有。我不自己來的話，事情就做不好。」

這種辯解我早就聽到耳朵長繭，其實連我也很容易陷入這種思維。我丟給他一個簡單問題：

「賴瑞，跟我說說你最敬佩的業界品牌。」

他不假思索地回答：「全食超市。」

我又問道：「賴瑞，你認為全食超市能擴展到今天的規模，他們的執行長有找人幫忙嗎？還是全部自己來？」

賴瑞聽懂了我的意思。他開始意識到，把事情做好是很關鍵沒錯，那些小小獨到的神來之筆，往往是成就事業整體的祕密佐料。但這些都能夠傳授給他人（我會在第七章用攝影機法示範），而**你**不應該全部攬到自己肩上。[3]

I：投資

不賺錢、給你能量的工作

投資象限（右下角）中，都是令你振奮期待，卻幾乎賺不了錢的任務，至少目前來說是如此。這個象限的任務都屬於投資，包括對於你自己、人際關係或個人事業的投資。

對企業家而言，這類活動通常是高度協作性質，且能發人深省的事務，依個人性格而定，可能包括寫書、會議演講、接受播客節目專訪，或是和業界同儕吃午餐。這個象限也包括休閒嗜好和健康相關的活動，例如寬板滑水、滑雪、瑜伽、西洋棋，或是和親朋好友共度時光、參加宗教組織等等。

一般來說，位在投資象限的任務會分為這些類別：

身體活動：你可以把登山健行、單板滑雪和其他運動，當作與他人連結的好方法，活動自己的筋骨，同時也是了解同伴的大好機會。

與他人相處的時光：和家人朋友、另一半或身邊的人相處的時間，都包含在內。等到人生走到某一步，卻赫然發現自己已經錯過了最重要的時刻，實在說不過去。

嗜好：騎單車、做瑜伽、組裝模型飛機、繪畫等，以上都屬於投資象限，是幫助你常保創意思維的關鍵活動。雖然不會有人付錢要你組裝模型飛機，你還是藉此磨練和培養了創意，而創意正是事業的主原料。想想你從事嗜好時，心情是不是好很多？相信我吧，連你身邊的人都感覺得到，嗜好真的很重要。

業界合作：我把播客節目訪談、共同執筆創作、TED演講等活動都算在此類。除非製作內容

3 作者注：我們會在第七章中談到，要怎麼教會別人依你想要的模式，完美精確執行任務。

有酬勞，否則大多都不會**立刻**為你帶來大筆進帳，而多半是對事業將來的一種投資。進行播客訪談，就等於為自家品牌製造行銷素材，同時建立潛在客戶和合作夥伴的關係。共同執筆一本書時，能為公司吸引未來的潛在客戶。在TED演講也能提升整體品牌的形象。

個人與專業發展：想要增加全新技能，你可以參加專業證照課程、研究、讀書、上學，也可以找事業導師、參與會議，或參加個人發展研討會，以上都算是對於個人的投資，最後也將帶來盈利。

每當指導客戶、潛在合作夥伴，甚至只是朋友來訪，我最喜歡做的一件事就是邀他們一起去登山、騎單車、無繩滑水或慢跑。我自己不僅有健身機會（對自我的投資），能參與了解他人的生活（對他人的投資），通常還能和潛在指導客戶相處（對事業的投資）。

我還有一個私人臉書社團，社團會員向彼此下戰帖，挑戰連續一百日每天做一百個伏地挺身、七五艱難挑戰[4]、高強度鍛鍊菜單和個人發展課程。（在我動筆的這個當下，臉書社團已多達兩百三十人！）我還有一個單板滑雪社團，一逮到機會就主辦企業家午餐和晚餐聚會。

這絕對不是不得不做的事，也不屬於取代象限。投資象限的目標，是**隨時**加入幾項能滋養心靈、培養人際關係、施展創意的活動。下面幾章不太會著墨在投資象限，但我會在本書最後補充「生命七柱」的速查表，你可以拿來替自己打分數。

P：生產

能賺錢、給你能量的工作

要是你執行的任務多半都在右上角，也就是盈利最豐、能量爆表的象限，你就活出真正的自由了。在這個象限的你生龍活虎，市場也回饋你更高的獲利，當市場提供你和公司的盈利越高，你就越有買回個人時間與能量的資金，也更有空間投資讓你振奮又賺大錢的事，最後賺**更多**錢，創造出第一章提到的買回循環。

這就是你應該儘可能投入時間的象限。把時間投注在生產象限，這些任務**不只**讓你熱血振奮，龐大收益**也會跟著**進帳。

我的好友克里斯是健身大師，他在實體據點展開私人教練工作，並利用社群媒體招攬顧客。後來他**每週兩天**掛在社群網站拉抬生意，但他真正想做的是帶領客戶變健康。他得做出選擇：不是雇人幫忙，就是使出拖延戰術。結果他雇用了一名助理，這就是關鍵重點，他雇用助理幫他**管理社群媒體**。為什麼？因為社群媒體占用克里斯太多時間。

克里斯把時間投注在生產象限的想法很明智，他不只大筆進帳，也充滿活力。對他來說，生產象

4 譯注：連續七十五天的身心挑戰，目的通常是調整健康和生活型態。

限就是和真人合作，幫助他們打造勻稱健美的身材，於是他雇用兼職助理，幫他打理社群媒體網站。克里斯每週空出兩天和顧客一起鍛鍊身體。他積極經營社群媒體，加上提供世界級的健身課程，最後建立起口碑，事業日漸茁壯，他還得刻意提高收費，設法控制來客數量。但這還不夠，後來他的行事曆依舊排得滿滿滿，只好再提高個人收費。

這時克里斯開始移往線上課程：他離開原本的工作場所，在線上經營健身課程，仍跟顧客一起鍛鍊身體、雕塑體型。短短五年不到，克里斯從原本只有寥寥幾個健身房的客戶，成長至年收一百五十萬美元。藉由不斷奪回時間、重新投資於生產象限，他最後成功了。正如柯維所說：「最重要的，就是把重要的事設為重點。」[9]

雇人，是為了買回時間

「做自己擅長的事」，大多數人都會覺得這種說法再合理不過了。既然如此，為何還有這麼人把時間用在錯的地方？

擴展事業時，企業家往往會意外把自己逼到角落。一開始，他們都是做自己熱愛的事，由於不知道**如何**正確雇人，最後就亂找一通。「我需要一個攝影師」、「我需要一個行銷高手」、「我需要一個播客製作人」，諸如此類。但他們卻往往沒發現，他們雇人去從事的，全是自己喜愛的工作。最後，他們一肩扛下了全公司產值最低的工作，變成公司的行政人員。

當然，你是應該雇人手幫忙，但你雇人的思維必須正確。要記得，買回原則已經明確告訴你要**如何雇人**：

別為了拓展事業雇人，而是雇人幫你買回時間。

大部分企業家沒考慮到**自己的時間**，只心想：我需要人手幫忙處理某某事。於是你雇人幫忙，問題是除了你原本要處理的工作，現在你還得多管理一個人。想要事業成長，就得先從你的行事曆（時間）**開始下手**。

假設你是一個熱愛做餅乾的烘焙師。起初，你只把它當成小副業，但朋友都鼓勵你做餅乾給客人吃，於是你做了。你在城內擁有幾個小客戶，隨著事業成長，你找來兩個熱愛烘焙的大學生兼職打工，每隔兩週就計算工時，準時發薪。你的烘焙事業持續成長，他們烘焙的同時，你負責訂貨、衝去商店採購用品，或在社群網站發布照片。你的事業持續成長，最後你已經完全沒在烘焙，做的都是計算薪資、訂貨、管理客戶這類事情。

想到週一要回到工作崗位，你已經開始恐慌焦慮，因為你在公司做的事**完全不是**你熱愛的環節——烘焙餅乾。

這就是許多企業家都會犯的錯。雇人**絕對**是成長關鍵，但你必須雇人幫你**節省時間**，否則你只是把自己**逼進**委派象限。

要記住，你的目標是持續停留在生產象限內，不斷雇人幫你奪回時間，放進生產象限。在我開始探討原因，講解怎麼幫助不在生產象限的你之前，先來解決我常聽到的兩句反駁：

「這件事沒人做得好。」

「我拿不出這筆錢。」

我們來打破這種限制性思想，先從「這件事沒人做得好」開始。

我懂你在想什麼。說到行銷、銷售、編寫程式、網頁設計、訂貨、雇人、開除員工、補貨架、掃地、行政工作……這一切的一切，你認為只有**你**最在行，沒人能做得好，這就是你的想法。

坦白說，很可能沒人**會像你**這麼在乎，畢竟公司不是他們的、經費不是他們的，甚至顧客也不是**他們**的，所以也許永遠不會有人像你這麼厲害，但你該做的是以下這件事。不要瞄準完美的一百分，而是把目標調整至八十分，**沒錯，就是降低期待值**，原因在此：

> 他人能做到八十分，已經是值得拍拍手的一百分。

你不必週末進公司、無法抽身，已是值得拍拍手的一百分。

你不必錯過孩子的球賽或朋友的生日派對，已是值得拍拍手的一百分。

你不必每週花一半時間，做第一百次你痛恨的工作，已是值得拍拍手的一百分。

這就是你必須把標準設定成八十分的原因。如果待辦清單中有耗損精力的工作，而其他人能做得到八十分（而價格又合理，這點我們稍後會講），那你就該把這份工作移交給他人。

這就是你可以重返生產象限的方法。等到你真正掌握雇人的正確技巧，還有一個更加碼的事，那就是你雇人接下某份任務，也讓**他們**能活在自己的生產象限，意思是人人都能做自己喜歡又能賺錢的工作。（有時你會嚇到，他們不只能做到你的八十分，甚至會**超越**你的表現。）

當你交出不喜歡的任務，多接自己喜歡又能賺錢的工作，就等於準備好迎接盈利，進而卸下更多你不喜歡做的事，久而久之就能持續把自己推向右上角的象限，而不斷螺旋式地向上。（別忘了，這就是買回循環。）

這就是一場永無止盡的事業賽局。你能升級個人時間，雇人接下你不喜歡的任務，從事讓你精神抖擻、獲利豐碩的工作，進帳更多，事業更上一層樓，持續這個循環，等到你最後醒來環顧四周，就會發現你已經打造出自己渴望的人生，甚至是帝國。

在暢銷書《無限賽局》（*The Infinite Game*）中，賽門・西奈克（Simon Sinek）討論到永無止境追求人生與事業的力量時，如此寫道：「無限賽局沒有終點線，目標是儘可能讓比賽持續下去。」[10]

有的企業家思考的是，要是我夠拚，有天就能終止這種沒日沒夜的工作模式。聰明的企業家則會思考，今天我要打造一場我想玩一輩子的賽局。

其實我早在二十八歲那年賣出球體科技、數百萬美元入袋後，就能停止工作，但我不想要退休，因為我熱愛自己的事業。我喜歡創造和建立公司，我**想要**持續這場無限賽局。我賺的錢越多，就越能雇用員工，幫我處理那些不再讓我振奮的工作。而我越是這麼做，獲利就越豐厚，我的人生也越看好。

好了，以上是對於第一句反駁的回覆。

現在來看第二句反駁：「我拿不出這筆錢。」

你拿得出多少錢？

大家會先做的，就是說自己**拿不出**這筆錢，但我不認為。人人都有負擔的能力。

企業家們八成不太清楚個人時間的價值，所以我幫你簡化：

你個人時間的價值，就是事業帶給你的酬勞除以兩千小時。

你大概知道，正常來說一年的工時會是兩千小時（沒錯，我知道你做苦差事的時數不只如此，這只是粗略估算）。我說的「帶給你」，指的是你目前事業的所有利潤，包括你的薪水、可自由支配的開銷（眨眼）、付清所有支出後的事業收益。

如果公司每年帶給你一百萬美元，你的時薪就是五百美元。如果你的公司每年帶給你十萬美元，你的時薪就是五十美元。如果你年入兩萬四千美元，你的時薪就是十二美元[5]。除非學會買回時間，不再做低產值工作，只專注於高產值任務，否則就無法打造你渴望的人生。學習進行這場交易，就是你的賽局。

這就是你的公司目前支付你的薪水。現在問題來了，你可以拿多少錢雇人？

以下將介紹買回率。

5　作者注：每月兩千美元×一年十二個月＝每年兩萬四千美元，除以兩千個小時＝時薪十二美元。

買回率計算法

我的第一規則就是，要是能以目前每小時收益率的四分之一（二五％）委託外包某任務，就不應該自行處理這項任務，不管你是創辦人、行政助理、棒球員、咖啡師都一樣。所以假設你的每小時收益率是一百美元，那麼你的買回率就是每小時二十五美元。為何以每小時收益率的四分之一計算買回率？因為我希望你運用買回率雇人時，能獲得四倍的投資報酬率。

就拿小公司老闆蒂娜為例。假設她每年靠事業賺入二十萬美元，等於事業帶給她每小時一百美元，四分之一就是時薪二十五美元，所以她的買回率如下：

蒂娜的事業每年支付她：二十萬美元
除以每年工作時數兩千小時：時薪一百美元
再除以四，得出蒂娜的買回率：時薪二十五美元

致各位數學魔人：你大概早就注意到，你大可不必慢慢算每小時收益率，才能知道買回率。只需要用你的薪資除以八千，就能得出買回率（見圖表三）。將這個敘述簡化成公式，就變成**公司帶給你的利潤／八千＝買回率**。我接著會拆解說明每小時的收益率，這樣大家就不會滿頭問號😊。

本來支付時薪二十五美元請人幫忙就能解決的事，如果蒂娜每次都要親力親為（例如付帳單或編輯影片），就等於犧牲公司的收益。

有些人可能會有個問題，那就是所有錢都進了自己口袋，所以完全沒有剩餘資金。嗯，這確實是問題。與其花錢去租那輛全新的高級房車，何不換一台二手車，把這筆錢省下，投資一個稱職的行政助理，再把你換回的自由時間轉換成刺激利潤的能力，晚點再去買那輛新車？

人人都有買回率。即使目前公司每年帶給你五萬美元，你還是有大約每小時六．二五美元的買回率。就算目前只負擔得起這筆小錢，你還是能提供工作機會，讓他人發揮能力，不然也找得到免費完成工作的方法。還記得第一章凱斯和馬丁的故事嗎？因為對方賺的是佣金，他們不花一毛錢，就能把銷售電話的職責交給他人。

實習生是很好的人才庫，而且成本不高。我公司在草創時期也用過當地大學生，不但讓他們累積職場經驗值，同時也幫

圖表三　買回率公式

我買回時間。

你知道你可以每小時花不到六美元，就在世界某處雇用網頁開發人員、行政助理和社群網站專家嗎？上網搜尋一下，你就能找到很多類似UpWork的自由接案平台，他們能以合理的費率幫你審查過濾，雇用高水準人才。

我會在這本書中教你持續提升買回率，買回更多時間。當你賺的錢更多，就能買回更多時間，把多出來的時間投資生產象限，得到瘋狂獲利，你賺的錢越多，買回率就越高。持續增值吧，把它變成一場賽局。

時間，別拿來苦撐

當你找到令你振奮又能賺錢的任務，為何不把**全部**時間都投資進去？

1. 你的薪資上漲。
2. 你更樂在工作。
3. 你能為他人創造工作機會。

但有太多企業家咬牙苦撐，是因為他們錯信自己才是唯一的適任人選，認為自己拿不出雇人的錢，或者凡事不自己來會良心不安。在公司發展的過程中他們也許會雇人，但雇來的人並不能幫他們買回時間，長久下來，根本不想做的待辦事項塞滿了他們的每日行程，獲利也不高。這就是受困於委派象限的人生。若想跳脫委派象限、走進生產象限，今天起就開始使用買回率，移交任務。

現在，你已經培養出正確心態。但成功路上還有幾個你務必保持距離的時間殺手，下一章我們將一一破解。

☑買回核心重點

1. 科學證明，當人從事自己喜歡的工作，表現就越出色。表現越出色，收入也越高。
2. 你執行的每項任務，都能用兩條座標軸來衡量：一個是金錢，一個是能量。每項任務可能帶給你少之又少的收穫，也可能帶來優渥的收入；不是榨乾你，就是讓你能量爆表。
3. 不少企業家往往會不小心雇人從事自己熱愛的事業部分——隨著事業成長，雇來的人手不是買回時間，而只是填補某個職位空缺，最後無意間害自己淪為公司的行政人員。

4. 他人能做到八十分，已經是值得拍拍手的一百分。

5. DRIP四象限：D委派（不賺錢、耗損你能量的工作）；R取代（能賺錢、耗損你能量的工作）；I投資（不賺錢、給你能量的工作）；P生產（能賺錢、給你能量的工作）。

思維練功場

本章的作業很簡單，那就是：算出你的買回率。

首先要知道公司支付你多少酬勞。在這一步，要加總公司帶給你的**全部**，利潤、薪資、交通工具、外出享樂都算進去，然後除以兩千，這就是你從公司賺到的時薪，接著再除以四。獲得的結果就是你的買回率。所以說，假設你每年賺四十萬美元，除以每年兩千個小時，再除以四，你的買回率就是每小時五十美元。這就是你想雇人執行某任務拿得出的成本。意思是，要是你執行（你不喜歡）的任務，成本低於你的買回率，就不該由你自己做。

第三章

別對混亂上癮：隱形的時間殺手

在災難真正降臨之前，
也許是企業家的心魔，
才引誘他們深入危險。

你的人生，是否有過一個千載難逢的機會降臨？而無論當下計畫為何，你就是無法說不？二〇一四年某個週四早晨，我的朋友丹尼爾．格魯內伯格（Daniel Gruneberg）寄來的這封電子郵件，徹底改變了我的計畫：

「我想邀請你前往瑞士韋比爾（Verbier），和理查．布蘭森（Richard Branson）及其他企業家一起去滑雪。」

我獲邀和偶像去滑雪耶。維京唱片、維珍航空，以及另外三百九十八間公司的創辦人布蘭森，一直以來都是我的創業偶像。我和他一樣，也常被人說不成材，後來卻創辦好幾間公司。我花了無數時間閱讀他的每一本著作，看他每一場訪談，學習效法他的每一種創業手法，而現在我居然有機會見到他本人。

再三週，這趟旅程即將啟程。正常情況下，我**絕對**無法臨時規劃旅遊，但這次我去定了，畢竟這可是我的偶像啊，人一輩子只活一次。

我為瑞士之旅打包行李時，突然想起某次和企業家朋友萊歐內的旅遊。那時他擁有一間收益兩百萬美元、十六名員工的林業公司，事業經營到這種階段，你應該覺得他把公司管理得有聲有色，實際上卻相反，是公司在掌管他。

我和萊歐內旅遊時，他整趟路上都掛不掉電話，咆哮著指令、四處滅火。當登山吊椅帶著他緩緩爬升時，他的魂早已飛了，還試圖在腦中劃掉不存在的待辦清單，甚至連裝出開心的樣子都辦不到。他那擁有小規模員工和兩百萬收益的公司，正一點一滴榨乾他。

如果公司規模、收益、員工與壓力成正比，那麼布蘭森承受的壓力，應該**遠遠超過**萊歐內十倍至一百倍。[1]

可是我抵達布蘭森的瑞士山間小木屋時，情況卻完全不是那麼一回事。布蘭森每天早上都和我們去滑雪，他很放鬆、興奮且愉快，完全活在當下。老實說，跟許多參加行程的其他企業家相比，他幾乎沒什麼壓力。除了布蘭森的某位員工之外（他的行政助理也一起參與），他沒有把任何工作相關的事帶到滑雪山頭。

擁有一間公司、兩百萬美元營收、十六名員工的萊歐內：壓力爆表。

擁有四百間公司、七萬名員工、億萬美元營收的布蘭森：熱愛生活。

我想問的是：下次去滑雪時，你想當萊歐內，還是布蘭森？

企業家的混亂上癮症

我遇到的企業家中，十個有九個會告訴我他們的童年很動盪，正式研究似乎也能證實。澳洲昆士蘭大學的研究員在某份研究中發現，童年艱辛的人比較具有創業熱忱。[2] [3] 矽谷企業家兼史丹佛大學教授史蒂芬．布蘭克（Steve Blank），也提出了「失常家庭理論」的說法。[4] 他說優秀企業家「都具備類似的人格特質，包括熱情、堅毅、混亂中處之泰然的能力」。[5] 在軟體即服務學院中，我要所有員工接受各種人格測驗，未來找員工時，就能參考同樣的特質。例如，假設我最頂尖的員工皆具備某項特質，我就知道以後雇人時，必須在就業市場上尋找具有同樣特質的人。我自己也做過這個測驗，你知道我主要的特質是什麼嗎？「應付壓力的能力」。正是因為有這種超能力，我才能在創業人生中應付大小事──客戶沒有請款、大交易中途喊卡、新冠肺炎打亂公司的商業模式、需要開拓全新的業務範圍、公司需要重新設計網站等等。

我很確定你也碰過類似的情況。某位重要員工突然因事請假，或是公司內部捅簍子，害你財務損失慘重，當別人淒慘狼狽，應對壓力和混亂的獨特能力卻讓你生龍活虎。

同樣地，即便沒有明確的執行計畫，別人差點溺水時，你卻依然如魚得水。身為企業家的你現身辦公室時，或許法規、職員、客戶忽然生變，讓你不得不摸黑前進，但你毫不退卻，甚至表現還可能很亮眼。為什麼？因為這深植於你的骨子裡，如果你的出身背景動盪，等於早就受過專業訓練。

對許多企業家而言，動盪的童年表示他們受過專業訓練，可以像馬蓋先一樣，神奇逆轉別人不曾經歷的頹勢。如果你的監護人沒準時接你下課，沒幫你備好棒球練習要用的手套，或是忘記幫你準備午餐，你都可以順利解決，自己回家、自己找棒球手套、自己弄午餐吃。

要是你小時候在危險的街區長大，八成很小就學會在街頭混，也知道在面臨難纏局面時，如何成功談判脫困。不管是否公平，這類課題都讓你培養出了企業家必備的解決問題及尋找出路的技能：別人可能只看見無法解決的局面，你卻能善用多年來累積的積極精神，想出不尋常的解決方案。

布蘭克教授還拿創業對比戰時的美國海軍陸戰隊，直言道：

> 新創公司本來就一片混亂，身為創辦人的你得做好心理準備，隨時運用創意思維、不受傳統束縛，因為實際狀況往往瞬息萬變，事業計畫再周到都沒用。
>
> 如果你無法應付混亂和不確定局面……只是坐等他人告訴你怎麼做，那麼……你只會花光經費，公司也會凋零死亡。[6]

要是新創公司「本是一片混亂」，那就能說明為何童年的困境，能助你鍛鍊出應對混亂的實力。[7]這麼說來，你童年碰到的困境，或許不失為一件好事。

我列出了一份清單，說明幾個童年的困境可能帶來的正面效應：

混亂的童年	創業力
回到家，常是一片凌亂骯髒。	在亂七八糟的環境中，也能如常發揮實力。
被迫解決異常問題，例如安撫年幼弟妹的情緒。	無時無刻都具備解決問題的思維。
不確定下一餐的著落。	可以冷靜面對未知。
無法仰賴大人滿足你的基本需求（例如開車送你去足球練習）。	可以背下重責大任。
必須面對不正常的童年壓力。	可以面對關於高收益的複雜難題。

但壞消息是：

企業家可能太習慣壓力和未知環境，對混亂徹底上癮。

他們覺得混亂很正常，平靜反而奇怪。企業家受過壓力處理的專業訓練，譬如在資訊不完整和臨時變動的情況下，做出艱難決定，所以即使根本沒有問題，他們仍然不斷尋覓下一個問題，沒火可滅的他們，內心會越來越焦慮。

我有個朋友就因此毀了一筆數百萬美元的生意。事業進展太順遂，他開始驚慌失措，不斷找理由拖延交易或自找麻煩，甚至沒發現自己正這麼做。

一旦對混亂上癮，你會覺得混亂很正常，並且可能在無意間開始尋找混亂。為了找到麻煩，你常常自己製造麻煩，奇怪的是這反而更堅定你的信念，就好像某人覺得大家都盯著他瞧，於是開始侷促不安、舉止怪裡怪氣。好了，這下大家**真的**都盯著他猛看。

某次跟合夥人麥特合作生意時，我很沮喪，主因是這次負責團隊的物流進度緩慢，至少我是這麼覺得。我告訴麥特，我打算插手自己來。

「麥特，我覺得我必須插手，親自出馬，盡快完成這生意。」

「等等，阿丹——你覺得團隊每個人表現都很差嗎？」

「不，當然不是。」

「那你就不要插手，讓他們做好自己的工作吧。」

我差一點就插手，踢掉團隊，而且還是我和麥特信賴的團隊。要是當時真的這麼做了，我恐怕會說服自己：這真的是一場急需澆滅的大火，而我就是打火英雄，沒人能像我一樣，處理得那麼好。

這就是典型的混亂上癮症狀。

真正的問題**不在於**我們的團隊，而是**我的**沒耐心，以及活在混亂中的傾向。要是我插手，是可能提前完成工作，但團隊會錯失學習處理問題、並避免下一次再發生的機會。經年累月，我還可能會堅定這種信念，覺得沒人像我一樣，能妥當處理這種難事。（感謝老天給我麥特。）

於是，我試著在客戶面前當「麥特」。

我要求所有新的指導客戶，在決定大規模變動前都先找我。因為我遇過有人忍不住製造災難，沒做事就開始製造麻煩，只因內心的騷動不安。他們莫名其妙建議大整修網站，突然開除某位重要員工，又或者某項產品才開始獲利，卻突然要改變方向。我稱這些舉動為手榴彈。我要求客戶擲出手榴彈前，都要先傳簡訊給我。

寫這本書時，泰勒傳來一則簡訊。他根據買回原則重新調整個人時間與團隊後，公司營運順利，目前進展不錯，不過這時他卻毫無預警，突然決定放自己六週的假。謝天謝地，

他還想到要先傳簡訊給我，我只回了他三個字加一個問號。

比起享受完善**規劃好的**假期帶來的平靜安心（及益處），泰勒只是想不吭一聲就人間蒸發。他就是戒不掉對混亂的癮，而一旦出了遠門，公司就肯定會出事，要他馬上趕回來，再次擔任打火英雄的角色。也許對他來說，這樣的世界才正常。

本章，我會帶你看清我讓客戶看清的事：你**為何**會有某種行為表現。曾有很多人在我的生命中幫我舉起鏡子，映照出我的行動，現在的我知道問題出在哪，所以每當混亂癮頭發作時，我都能揪出自己的問題。

現在我們就來深入探究五大最常見誤區，也就是創辦人混亂上癮症發作的狀況。到最後，你將能在其中一個或幾個時間殺手中，辨認出自己的身影。

扼殺成功的時間殺手

整體來說，潛意識渴望的不確定性和混亂情況，會以下面五種方式現形，我稱之為扼殺企業成功的五個時間殺手：

1. **拖延犯**：面對重大決定時猶豫不決，進而親手毀了自己的成功。
2. **速度狂魔**：做決定火速，例如雇用最快速／簡單／便宜的人選，最後發現自己又回到原點。
3. **盯場狂人**：無法確實訓練員工，各種小事都要管，因而無法激勵員工成長學習。
4. **守財奴**：銀行帳戶裡明明有錢，卻不懂得把錢用在促進成長的機會上。金錢觀念像隻鐵公雞，而不是在投資事業。
5. **自我療癒大師**：成功之後選擇大吃大喝，以酒精或其他惡習犒賞自己，然後為了逃避失敗或痛苦，衝向自我毀滅。

讓我們來一一破解吧：

1. 拖延犯：

當機會上前敲門，拖延犯動作慢吞吞：

- 「想不想在目標客群面前主持一場網路研討會？」
- 「我是經銷商，我可以把你推到一萬人面前，想合作嗎？」
- 「你想在我們下一場TED活動上演講嗎？」

試想以上這些有助於你事業茁壯的情境，好比口碑介紹、全新推薦、大批觀眾。當諸如此類的機會找上拖延犯，他們不答應卻也不拒絕，而是下意識把決策責任推給別人，就像我的指導客戶薩希德那樣。

我的團隊正在研究市場上的潛在合作對象，而合作對象的電郵聯絡清單中，至少要有一萬五千名我們的目標市場顧客，這時，薩希德的名字跳了出來。團隊告訴我時我心想，噢！這人我認識啊。薩希德早就是我的指導客戶了。

我可以把薩希德推到我的觀眾面前（而我也能認識到他的觀眾），只要簡單介紹一下，就能讓他的觸角延伸三倍。我本來覺得十拿九穩，根本是雙贏的合作局面。

請注意「本來」這兩個字。

我在九月一日速速寄出一封電子郵件給薩希德：

丹・馬特爾　9月1日上午9:40
收件人：薩希德
主旨：雲端軟體協會？

好奇問一下……你有雲端軟體協會的電子郵件名單嗎？

上面該不會剛好有SaaS創辦人或其他公司的行政主管？

--

兩週過去了，電子郵件還躺在薩伊德的收件匣，我去信再追，卻仍毫無音訊。奇怪的是，薩希德和我及其他老闆之後還去了一場指導會議，他卻沒回覆我這封郵件。最後薩希德總算在九月二十一日回信，但這時我已無法與他合作，因為這意味著我要把他推薦給信任我的觀眾，而我不能昧著良心，推薦花了三週才回信的人。薩希德是很出色的商人，但他飽受拖延犯症頭纏身。

內心可能正有個聲音告訴他，他不值得，疑慮在他心底低聲呢喃：

你會失敗。
你會讓阿丹失望。
你不值得這個成長機會。
你的事業會一飛沖天，到時工作會榨乾你。

2. 速度狂魔

第二個殺手就是速度狂魔。速度狂魔會讓你相信，決策要下得快狠準，才可能成功。當你變成速度狂魔的獵物，就會發生諸如此類的事：

- 草率雇用第一個找到的求職者（可能是你阿姨、朋友，或是郵差）。

- 硬是要選第一個找到的科技平台（就算還有更符合你需求的選擇）。
- 選擇第一個找到的放款人（儘管還有更好的選項）。

當你不考慮其他選擇，堅持趕鴨子上架，速度狂魔就在旁邊吃吃偷笑。接下來的發展如下：

- 你聘雇的員工突然請辭、表現不佳、慘遭開除。
- 你選用的科技平台成效不如預期。
- 你找的放款人非常難搞。

查爾斯是我投資的一間公司的負責人，行銷長正好是他的妹婿。我注意到幾項令人略感憂心的決策，於是問查爾斯：「你覺得你妹婿是世界一流的行銷高手嗎？」

查爾斯笑而不答。他心知，妹婿表現不佳確實不是一兩天的事，於是做出了艱難決定：開除妹婿，並立刻請好友達爾文擔任行銷長。沒有面試，也沒有事先探詢情報。「就是達爾文了」，他自信滿滿地告訴我。兩個月後，達爾文莫名請辭。

我再次致電查爾斯，詢問他達爾文突然離職的事，才知道查爾斯和達爾文在另一家公司曾是同事，而達爾文在那間公司也做過**一模一樣的事**——工作一碰到難關，就馬上離職。

查爾斯的案例是典型的速度狂魔，鑄下大錯後沒有反思，又繼續向前狂飆，最後再度犯下相同的大錯。哲學家約翰·杜威（John Dewey）曾說：「我們不是從經驗中記取教訓，而是從反思經驗中記取教訓。」[8]不停下腳步思考**為何**出錯，問題就不可能修正。

- 如果你雇用的員工沒一個好，也許是你的職訓出了問題。
- 如果每個客戶都提出類似抱怨，也許是你提交的成果有問題。
- 如果你每隔一段時間，就不斷遇到相同的事業問題，也許是你的策略失靈。

有混亂上癮症的你，可能會覺得「員工沒一個好」這種感受很正常。你也許會碎唸埋怨，但內心深處卻認為有這種問題很**正常**。而要是你覺得正常或一如預期，就不會重新思考、確實解決成因，而是治標不治本，反覆處理相同的症狀。問題在於，如果你的成長背景混亂，長大後自然內建了活在混亂中的期望。

3. 盯場狂人

當你雇請員工卻搶他們的工作，就可能遇到盯場狂人的危機。盯場狂人和速度狂魔正好相反。深受盯場狂人其害的你，不是管人管太寬，就是完全接手他人的工作。我是登山單車的愛好者，在我的老家，有一間值得一去的單車行：戴瑞的店。每次踏進店內，戴瑞就會跳過修車工人頭頂，真摯溫暖地和我打招呼：「嘿，丹尼老弟！」接著一把取過我的單車，直接衝到店面後方，東敲西打幾下……完成！然後又把單車還我。

他的員工全程在一旁呆呆看著，老闆沒有解說，他們也不知道他是怎麼找出並解決我單車的問題。每一次，老闆都無意間奪走了他們學習新知的機會。

戴瑞以為這是團隊精神，殊不知奪走了員工學習的機會，讓大家更加依賴他。他沒有**訓練**員工成長，而是凡事**自己來**。歸因於經營模式，老闆不在，員工就不曉得怎麼做——我跟他們訂過好幾台單車，但沒有一台有送達，不然就是太晚到，最後我早就跑去別家店買了。總歸來說，戴瑞太忙著當**員工**，而不是當**老闆**。

以下是被盯場狂人纏上的一大徵兆：要是你心想，只有我才能做好這份工作，也許你沒錯。但問題就是這樣來的。

受不了盯場狂人的誘惑，你就會落得壓力爆表、工作過頭的下場。唯一的出路，就是覺悟自己不是世界最強的萬事通。你只擅長幾項任務，至於其餘的，你會驚訝地發現別人也學得來，**至少**不會輸給你。

4. 守財奴

第四個殺手是守財奴，它會找上只知道省錢、不懂把錢拿來投資的企業家。等到守財奴纏上你，你就會產生錯覺，以為私藏「金雞母蛋」就是成功之道。

二〇一九年夏天，我朋友凱爾打電話給我。他為企業家、投資客、創意開發者主辦數百萬美元的智囊團，參與每月活動的年費是四萬美元。當他沮喪地打電話給我時，會員人數直逼五十人。

每個月，他都會為會員舉辦世界級的活動，而且從零開始策劃。活動很棒，但需要思慮與預先計畫，場場主題都圍繞著時事，凱爾每個月都得想出遠大的點子。他想要永續經營，而不是每個月完全靠自己動腦。筋疲力盡之下，凱爾考慮放棄智囊團，關門大吉。

我問起關於課程的事，發現他**什麼都沒有**：沒有原則、沒有核心概念、沒有主軸，於是建議他和我朋友西蒙．伯溫（Simon Bowen）聯絡。西蒙是世界級的創意開發者，平日協助企業領袖研發個人專業課程，並以有系統的方式，將個人專業傳授他人。我提議介紹他們認識。

我告訴凱爾，西蒙發想與整理課程的費用大概是一萬美元。聞言，凱爾卻要我別去找西蒙，「他有沒有出書？只要花二十美元就能讀的那種？」

「沒有，他沒出書。」我回道。

「那……」

光是花這一萬美元，而且只是一名會員加入智囊團費用的四分之一，凱爾就忍不住焦慮。他寧願自己累得半死，賠掉價值數百萬美元的事業，不持續發展成長，也不要花這筆小錢。凱爾很可能也對混亂深深上癮，而他自尋的煩惱根本不存在。儘管沒必要，他仍然想方設法「節省」經費。

擅長解決問題的人，有個很大的問題，那就是想找問題解決——即使根本沒有問題需要解決。

5. 自我療癒大師

二〇〇五年，我**曾經**也是自我療癒大師。當年我二十五歲，正在經營第三間公司球體科技，耶魯大學突然致電。這真的很諷刺，畢竟我完全沒上過大學，從沒想過踏進頂尖名校半步，可是現在耶魯大學卻要**我**為他們安裝軟體程式。

我大老遠飛到康乃狄克州紐哈芬市（New Haven），去租車行取車後，興奮地打電話給我爸，報告這個好消息。

經過一天幫他們設定伺服器後，我準備好大肆狂歡慶祝，於是四處打聽哪裡有好吃的壽司（在內陸的蒙克頓市很罕見），人人都報給我同一家餐廳的名字。

我點了一大堆壽司和清酒慶祝。

結果不小心慶祝過頭了。

翌日清晨在飯店房間醒來時，我依舊醉茫茫，只好打電話請病假，謊稱是「食物中毒」。

才短短二十四個小時，我就被打回原形，從英雄變回狗熊。自我療癒大師就是這樣找上受害者，逼我們狂歡慶祝、逃避現實，走向自我毀滅。無論局勢是輸是贏，自我療癒大師都會吞噬你明天的成功機率。簽到大合約？喝酒慶祝。丟了大合約？喝酒療傷。

無論你的情況是工作過頭或無所事事，筋疲力盡或激動狂喜，逃避或慶祝，自我療癒大師都樂意帶你沉淪墮落。

為生產力賦予新生命

你應該注意到了，五大時間殺手在在殘害你的生產力，長期是自找混亂，當下則是謀殺你的時間：

- 拖延犯會害你做不出重大決定。
- 速度狂魔保證讓你犯同樣的錯誤。
- 盯場狂人不讓你升級個人時間，表示你會花費無數時間，垂頭喪氣地做成效頂多「普通」的任務。

- 守財奴很麻煩——它會要你省錢，卻浪費時間。就算有能幫你省下十小時的方法，你也會為了不花那一百美元，害自己苦不堪言。
- 自我療癒大師恐怕最難察覺，畢竟它常包裝成慶功，默默找上你。可是一夜狂歡慶祝，卻容易演變成睡過頭、犧牲有產能的寶貴時間。

無論你是億萬、百萬富翁，或是沒經驗的一人創業家，任何階段都可能受到五大時間殺手的荼毒。尤其當你生產效力變高、更有餘裕，五大殺手就像是貪得無厭的小怪物，竭盡所能奪走你剛空出的時間和能量。

統計資料顯示，企業家更可能有混亂上癮症，所以五大殺手找上門時，它們會合理地偽裝自我，讓你**以為**自己的草率行事有理。你會因為覺得「員工活該」而產生開除他們的衝動，你會忽然因為想「保持新鮮感」而變更網站，或是單純因為「這週很難熬」所以大吃特吃。

因為你覺得有必要跳進絕望的深淵，五大時間殺手才會以貌似合理的自我偽裝，引誘你上鉤。我要你睜大眼睛揪出這種時刻，不讓五大殺手偷走你得來不易的時間、金錢、能量。

坦然面對心魔

我在二〇一八年遇見湯姆時，他的事業算是經營得有聲有色。

但他賺錢的同時，也在自我療癒（五號殺手）。

他跳不出高中時期就開始的酗酒循環，每週四或五就開始喝酒，一路喝到週日晚上，週一剛好帶著微醺醉意，腳步蹣跚地晃進公司，接著幾天不碰酒精，直到再次循環。

正如你想見的，湯姆的時間殺手毀了他的人際關係。有一次，他注意到十歲的女兒灌汽水的樣子，和他灌酒的架勢一模一樣，還說爸爸喝醉時很「好玩」，她想變成爸爸那樣。有夠諷刺。

當湯姆總算認真看待問題時，就迎來了自己的關鍵轉捩點。在我為客戶主持的某次團體課程「董事會」上，湯姆分享自己酒精成癮的痛苦掙扎，結果發現他並不孤單。「我真的超級震驚」，他事後告訴我：「其實我和會議上其他人沒兩樣，大家都有自己必須面對的問題，有的是飲酒，有的人是其他問題。」

經過這次掏心掏肺的會議後，湯姆展開了超級困難的健康健身計畫「七五艱難挑戰」。他之前嘗試過，但這次才真的完成，全面翻轉人生。

現在，湯姆成為大家心目中的自律人士：他每天清晨五點醒來，狂甩近二十二公斤（甩掉他號稱「不健康一〇四」的體重）。另外，在二〇二二年，他的員工逼近九百人，事業營收即將衝破一千五百萬美元。但對湯姆來說最大的成就，或許是他可以驕傲且真心地說出這句話：「現在我可以參加派對卻滴酒不沾，對酒精再也沒欲望。要說這種感覺就是自由，還太過輕描淡寫。」

湯姆是否一路波折？當然，不過現在他自由了，多虧他決定正視鏡中的自我，認真看待自己的傷痛。

現在我要你也這麼做，認真看待吞噬你的事物。或許你的問題不像湯姆的心魔那麼嚴重，但我猜你也會有其他問題，所以揪出問題、面對問題吧。

接下來，你的勢力會無法擋。處理好混亂上癮症，你的人際關係、健康、事業都將受益良多。

我接著會在這本書教你買回時間，但首要任務是：先揪出時間殺手。

☑買回核心重點

1. 研究已證實企業教練們多年來的觀察：大部分企業家確實都有混亂上癮症。
2. 在創業路上，處理混亂的能力帶給你優勢，卻也可能害你下意識製造混亂。
3. 你的混亂上癮症會以五大時間殺手的樣貌出現：拖延犯、速度狂魔、盯場狂人、守財奴或自我療癒大師。

4. 大多數人會在不同時間殺手之間遊走，卻從不剷除問題根源，也就是對混亂的癮頭。

5. 想成為心目中渴望的那個人，你就得認真看待自己的心魔。

思維練功場

印度有神射手阿周那（Arjuna）的神話故事。相傳，阿周那擁有過人的弓箭本領，因此成為了老師的得意門生。

有天，他的老師把一隻木鳥放在樹梢，要學生集合，並問他們看見了什麼。每個學生都點出環境中的不同要素：樹木、樹葉、老師、其他學生。

唯有從樹梢射下木鳥的阿周那，提及一樣元素：木鳥。他的目光穿透了所有模糊焦點的事物。面對時間殺手時，你也需要全神貫注地聚焦。請按照以下方法：

1. 拿出一張紙，列出最近做出的十大決定，也就是造成重大影響的決定。

2. 看看你的清單，問自己：這些決定必要嗎？還是會被歸類為手榴彈？

3. 從你做的決定中，找出不必要的模式。你老是在趕時間嗎？還是管太多？或像隻鐵公雞？

4. 要是模式浮現，請寫下你當前遇到的時間殺手。

5. 同場加映：如果你想要有趣一點，可以印出時間殺手的圖片，寫下「盯場狂人」、「速度狂魔」，或你目前碰到的時間殺手，然後把紙折好，收進錢包或皮夾，隨身攜帶。

一旦瞄準了目前碰到的時間殺手，當你下一次做決定、時間殺手又在心底浮現時，你就會注意到它。你會和阿周那一樣不再分神，清楚知道自己要消滅什麼。

第四章

錢與時間，
誰才是籌碼？

交易只分成三大層級，
而你選擇的交易，
會決定你在事業中的角色。

我們通常會認定布蘭森這樣的人很「幸運」、「多金」或「天生具優勢」。或許都是真的，但一般來說，事實往往天差地別。歐普拉的事業登峰造極，並不是因為她運氣好、多金、天生具優勢，以上她全部沒有，而是因為她找到了**讓自己能量滿滿的事**。發掘了脫口秀的魔法後，她就把所有時間精力投入了脫口秀（相信大家都很慶幸她當初這麼做吧）。

常見的情況是，企業家看見布蘭森和歐普拉的生活方式時，繼續咬牙苦撐，心想：總有一天，我也會像他們一樣自由。事實上，只要把時間投入在生產象限，你就會慢慢收割成果，不必等到「總有一天」。獲得更多能量和金錢等回報後，你就能買回更多時間，接著再投入生產象限。

我的朋友西蒙（第三章客串那位）講解過他客戶版本的買回原則。一天，某製造業公司的老闆向西蒙抱怨，我們就叫他安德烈吧。安德烈說：

「我真的受夠每天做這些雜務了，看來我得雇用個營運經理。」

「我懂，安德烈。」西蒙說：「但是在那之前，跟我說說你一天都是怎麼過的。你一週下來，大部分時間都花在哪個你厭倦的工作上？」

後來他發現，安德烈八〇%的時間都用在CAD（電腦輔助設計），也就是以電腦進行繪圖設計等作業。除非你**熱愛**CAD（還真的有人熱愛），否則投入八〇%時間的確是一種疲勞轟炸。這就是活活受困在委派象限裡！

於是，西蒙提供安德烈另一種解決方案：

「安德烈，你需要的**不是**營運經理，而是一名**CAD工程師**。這個職務不但比較省錢，還能讓你奪回八〇%時間。」

西蒙進一步解說，要是安德烈用對人，新人可能還做得比安德烈好，畢竟對方是**真心**喜歡CAD。

西蒙是在試著幫助安德烈成為真正的企業家。安德烈可能沒發現自己其實是員工，而且是他自己公司的員工。

三大交易分級

不管是你、我、布蘭森還是安德烈，每個人都能進行三種交易，只不過大多數人都沒發現自己身在其中。

你可能是：

- 第一級交易：員工
- 第二級交易：企業家
- 第三級交易：帝國創建人

以下容我仔細解說：

第一級交易：員工

員工拿時間換錢

就算你是公司老闆，如果用時間換錢，那你還是擺脫不了員工的角色，只不過你是自己公司的員工而已。拿自己的時間賺取收入，大多數企業家都深陷這個交易層級的泥沼，仍活在蠻幹心理之中。

在金錢與事業路上，每個人（除非你一開始就多金）起初都是拿時間換錢，也就是找一份工作，別人付錢給他們。擁有自己的公司後，他們通常會開始出賣自己的時間，為了薪水而變身軟體工程師、作家或窗戶清潔工。他們仍是員工的角色，卡在第一層級的交易。

我們都待過這個層級，尤其是創業初始階段。但為了事業發展，以及打造日後不讓你埋怨的事業，你不能繼續拿時間換錢，畢竟你的時間不夠用。我們得聽從西蒙的忠告，開始升級交易層級。

第二級交易：企業家

企業家拿錢換時間

到頭來我們還是得拿錢換時間，一旦這麼做，我們就來到生產效力的新紀元，取得了交易籌碼。

走到這一步時，你已經甩掉一種觀念，那就是投入越多時間等於賺越多。你理解錢能幫你買回更多時間，打造你想要的生活、夢寐以求的事業，以及幾乎無人能想像的帝國。

正如我所言，事情絕對不是雇用員工那麼簡單，要是下錯棋，雇人只會徒增你的工作量。每次雇人、購買軟體或是完成生意時，你都應該反問自己：**我要怎麼利用這筆支出買回時間？**

當你成為貨真價實（而不只是一個頭銜）的企業家，你會捨棄花時間就能賺到錢的觀念，擁戴一種正確思維，那就是：利用委派和取代。金錢能幫你買回更多時間，讓你能打造公司，最後獲得朝思暮想的人生。這就是買回原則的精髓——認知到你的時間就是公司的引擎或錨，並把這種關鍵思維轉變成一種習慣，只把注意力放在你熱愛且最重要的事務上。換句話說，如果你從事最高產值的任務，每小時能賺到五百美元，就不該用一小時在公司裡做價值只有十美元的事。

我們算過你的買回率，現在我偷偷透露一個我告訴客戶的小祕密，也是西蒙想讓安德烈大開眼界的事：

> **擁有一億美元資產的公司，絕不是靠價值十美元的雜務打造出來的。**

第三級：帝國創建人

帝國創建人會拿錢換錢

像布蘭森和歐普拉這種等級的玩家，已經完全買回了個人時間，他們不只是公司老闆，甚至到了另一種級別。他們不僅建立了自己的帝國，也是書寫自己創業路程的唯一作者。他們的時間不再屬於交易範疇，而是已經獲得自由。

歐普拉的運動時數超越工作時數，巴菲特讀的書比他讀的財務報表還多，兩人卻持續進帳數百萬美元。重點是你無法省略第一級和第二級，直接跳到最高級。

到了第三級，你的個人生活會變得**真的**令人期待：你有充裕的時間練習柔術，參加孩子的足球賽，或是去遛狗、享受一杯濃縮咖啡、在自家花園吃午餐。在這個層級，你只需要讓有才幹的人幫忙管理每日事業瑣事（而且可能不少），你則會擁有大把時間，發想全新投資項目或尋覓商機。你的思緒清晰，能量又高，你內心思考的是該怎麼把好變得更好，把少變多，讓投資化為龐大收益。

圖表四　三大交易層級

即刻收割

好，所以該怎麼走到那一步？

關於這點，你首先要做的，就是尋找可以即刻收割的事，也就是委派象限中，吞噬你所有眼前果實的工作，如同西蒙幫安德烈揪出的真相：他把大部分時間都投注在CAD。哪些是占據你時間、可能屬於委派象限的工作？

下面幾章中，我會告訴你怎麼脫手該象限中的棘手任務，讓你即刻收割，馬上買回每天花在低產值任務的時間。重點是你得知道應該花多少錢，才能買回這些時間。所以我們在第二章計算你的買回率，有了這項情報，現在你就能買回位於左下角象限的時間。

稍後我們會講到取代象限中更難纏的任務。現在，先專注在眼前最容易實現的目標，也就是支出最少、卻最能幫你省時的事。

重點來了，正如西蒙幫助安德烈那樣，你必須清楚自己是如何支配時間的。

你可以直接回答，也可以**秀出**你的行事曆。行事曆比較好，不那麼主觀，也不會全憑個人詮釋。

簡而言之：

> 你的行事曆不會說謊。

要找回能量，先檢視時間

在某場每週例行的一對一面談上，剛升為團隊領袖的軟體即服務學院超級員工米蘭達坦承，新角色讓她壓力山大。米蘭達從原本的專員晉升為主管，管理的員工數量是全公司最多。「我必須盯每個團隊人員、管理他們的客戶拜訪、進行一對一面談、更新報告，我的頭快要炸了。」她在面談時告訴我。

事後她坦承，她覺得自己「讓團隊失望了」。我遞給她衛生紙、說了幾句同情的話語，並提出了一個計畫。我說了我對每個指導客戶都會說的：如果我們**審核**她的時間，揪出榨乾時間和能量的任務，就能把這些任務**移交**他人，這樣她就能拿最重要的工作事務**填補**個人時間。

我特別交代米蘭達，可以寫下自己每十五分鐘做的事，審核個人時間。我要求她每天這麼做，持續兩週，同時傳授她幾個指導方針。最後我們達成共識，她可以先研究自己的時間，兩週後再來討論。但四天後，她已經傳來訊息：

> 阿丹，我有答案了！多謝！

才短短四天，米蘭達已經揪出了榨乾她時間與能量的低產值任務。後來她怎麼處理那些任務，老實說我也不清楚，可能是委派給團隊其他人吧！

我不訝異這招能幫到米蘭達，畢竟我已見識過幾十個企業家受惠於同樣的策略。一發現委派象限裡把自己榨乾的工作，她就立刻消滅剷除。

我要求米蘭達做的時間審核，其實很類似我對每位客戶下的指導棋，從一人創業家乃至數百萬資產的連續創業家都有，我讓他們整天下來，每隔十五分鐘就記錄自己做的事，總共十四天。

看身價百萬的企業家，拿個人身價與他們花時間做的事進行比較，這件事一直讓我覺得不可思議。我見識過身價上億的公司領袖，每週花二十個鐘頭，做他們只需花**十分之一**的錢就能外包出去的任務！他們大可直接雇兩、三個人，多付一筆加班費請別人執行任務，但他們卻出於某些理由，被蒙蔽而看不清現實。

不過這很類似藏在聯邦快遞公司標誌的右箭頭，一旦看見了，就很難不去注意。相信我吧，等到你清楚了解自己支配時間的方式，就會想買回時間。

有的人就像米蘭達，能在十四天內就自我修正，漸漸發現是低產值任務榨乾他們的時間。（例如看YouTube影片！）多記錄幾次，他們就會發現自己需要修正行為。更重要的是，評估自己的一天之後，他們會發現自己不只運用時間有固定的模式，一天下來的能量指數也是如此。

時間 vs. 能量

每個人一整天的工作狀態大不相同——有時你可以在上午只花三十分鐘，就讀完一份冗長的財務報告，但同一天稍晚，卻可能得耗上幾個鐘頭，才讀得完同樣份量的內容。有的人注意到，自己在午餐後能量會激增，只要集中精神，生產力就會大爆發。有的人則相反，午餐會讓他們反應遲緩。無論如何，研究你的時間運用，你就能清楚看出微小的能量起伏，之後再依照個人的能量變化，規劃一週行程（第八章講到完美一週時，會更仔細說明）。

時間審核的概念並不新。我稱我的方法為時間與能量審核，是因為這招不僅能讓你了解個人運用時間的方式，也能讓你觀察到自己的能量趨勢。

我的朋友達納，是德瑞克斯集團（Derricks Group）的執行長。這幾年來，他每小時大約進帳兩千五百美元，卻始終沒聽進我叫他套用買回原則的忠告。有次我要他雇用行政助理，別再親自查看電子郵件（第六章會講到），達納死都不肯，他說：「雖然你的論點很合邏輯，但拒絕放棄的我就是不講邏輯。」

你知道為何他後來總算請人看電子郵件嗎？因為他開始思考每項任務需要的能量：**這項任務（電子郵件）帶給我的壓力，有超過其他任務嗎？**這番靈魂拷問讓他轉移了焦點，從省時省錢切換為節省能量。現在，他不再查看個人電子郵件，而是雇用一名助理代勞，甚至還刪掉智慧型手機上的電子郵件應用程式。現在他就算再想要，也無法查看了。

審核時間與能量的四大步驟

我重述一遍：**你的行事曆不會說謊**。完成時間與能量審核後，你就會知道自己都是怎麼支配時間的。

以下提供步驟：

1. **算出你的買回率**。現在的你大概知道買回率了。記住，你的買回率就是公司帶給你的利益，除以兩千，再除以四。
2. **連續兩週，天天審核每十五分鐘的工作內容**。拿一張紙或打開線上模板[1]，每十五分鐘就記錄自己這段時間都在忙什麼，大概類似這樣：

1 作者注：請參考我的網頁 BuyBackYourTime.com/Resources。

八點到八點半：寄電子郵件給客戶。
八點半到九點半：播客節目訪談。
九點半到十一點：開董事會。
十一點到十一點十五分：和凱西一對一面談。
十一點十五分到十一點半：和查克一對一面談。

兩週，是企業家記錄時程的完美區間。這樣就算偶爾有出差計畫或中斷，也不會打亂審核。

3. **用一至四個$符號，為每個任務打分數**。時間審核結束後，回頭看你的表單，以一至四個$符號為每項任務打分數。就像谷歌上顯示的餐廳價格區間，每加一個符號，就代表價格提高。符號的價值因人而異，例如：每小時十美元的任務，你可能會打一個符號，而每小時價值五百美元的任務則是四個符號。

4. **標記紅色或綠色**。兩週資料都收集齊全，也以一至四個符號標記完畢後，拿出兩枝螢光筆（我喜歡用一紅一綠），用綠色螢光筆標出你熱愛、給你充沛能量的任務，紅筆則標示出榨乾你、讓你忍不住拖延或焦慮的任務。

時間和能量審核完成後，表單上的每項任務都應該具備兩種元素：一至四個錢號，以及螢光筆的標記[2]（見圖表五）。

最酷的來了。等你標記出錢號和螢光筆標示後，時間和能量審核就會清晰呈現在你眼前，如同被排列在DRIP象限內。

我很喜歡這個方法，因為當你使用時間與能量審核，就能列出消耗元氣、需要即刻處理的狙擊清單，第一就先從委派象限開始。

委派象限，優先處理

以下是處理並移交任務的做法：

刪除非必要工作。首先，要是有可以刪除的工作，直接刪吧。有沒有任何非必要的工作？有時我們沒發現自己在重複做一件事，或步驟太多餘，寫下來往往會看見能馬上刪除的非必要任務。

2 作者注：請注意，有些任務可能不會消耗或增加你的能量，這類任務可以直接省略。當前的目標，是釐清哪些任務帶給你充沛能量，哪些則讓你消耗能量。

圖表五　時間與能量審核

任務	價值
開車進公司	$
煮咖啡	$
查看電子郵件	$
團隊會議（每日例行短會議）	$ $
客戶報告	$ $ $
郵局跑腿	$
查看電子郵件	$
業務拜訪	$ $ $ $
與會計開會	$ $ $
季預算審核	$ $ $ $
員工指導	$ $ $
查看電子郵件	$

時間與能量審核表中的任務，應該具備兩種要素：（1）榨乾精力，抑或讓人精神飽滿，（2）任務價值多少錢。我用紅綠兩色螢光筆標出正負能量流，再以一至四個錢的符號，標示該任務的金錢價值。

運用現有團隊成員。若任務無法刪除，可以委派出去。目前團隊中有沒有人可以代勞？創辦人日常做的事之中，通常有早就該由團隊其他人做，或是可以輕鬆代勞的工作。遇到這種情況，委派出去就好。

尋找創意解決方法。要是團隊中沒人能處理低產值的紅筆任務，就利用買回率，找其他人代勞。要記得先從能夠最快見效的任務開始，也別忘記可以找人免費完成工作，既然馬丁和凱斯都能辦到（請見第一章），你也能辦到。發揮創意，有員工就找員工，付加班費請他們幫忙也行，再不然就找自由接案人、虛擬助理或你姪子。

*

這就是即刻見效的做法，而且不用等。要怎麼移除更複雜龐大的任務，我們晚一點再來講，現在專攻委派象限的任務就好。

當你找出所有榨乾時間、害你深陷委派象限的任務，就會恍然大悟——如果你能以買回率或更低的價格，將任務委派給他人，就能立刻變身貨真價實的企業家，開始買回時間。

有些人對於付錢請人做自己痛恨的工作嗤之以鼻，但我認為**不外包**出去才是自私。

假設你每小時的買回率是一百美元，而你每週得用二十小時，反覆為新客戶進行無數次的入門教學。但其實你大可支付不到一百美元的時薪，請喜歡指導客戶的人代勞，自己則利用這段時間進行業務拜訪，或其他產值更高的工作。如果你**不做**這種交易，就等於奪走讓他人充滿活力的賺錢門路。而要是你把入門教學的工作交給他人，拿更高產值的工作填補個人時間，你就能賺到更多錢，之後又能繼續雇用其他人幫忙。

*

有人說：「把複雜龐大的任務，分割成好幾份應付得來的小任務，從第一項任務開始做起，就是起步的祕訣。」找回讓你能量滿滿、能賺錢的工作似乎是不切實際的願望，但絕非如此。

你要做的第一件事，就是把生活劃分成四大象限，並進攻眼前的果實，也就是可以輕易解鎖、立刻帶來豐碩成果的事（在時間和金錢兩方面）。只要運用時間和能量審核，你就能輕鬆辦到，所以現在就揪出挾持你時間的殺手，並發揮創意把它踢出你的生活。別忘了有買回率，現在就是使出這項法寶的時候。

擺脫讓你元氣大傷的低產值任務，就是交易升級、成為貨真價實企業家的第一步。

不過，即便刪除了委派象限的所有任務，還有另一個需要處理的象限，那就是：取代象限。我們將在下一章重點說明。

☑ 買回核心重點

1. 第一級交易人，就是拿時間換錢的**員工**。
2. 第二級交易人，就是拿錢換時間的**企業家**。
3. 第三級交易人，就是拿錢換錢的**帝國創建人**。
4. 擁有一億美元資產的公司，絕不是靠價值十美元的雜務打造出來的。
5. 你只可能做這三種交易。大多數人即使有了自己的公司，還是跳脫不出員工的角色，持續拿時間換錢。當你拿錢重新買回自己的時間，就是買回原則的開端。

思維練功場

如果你想升級交易方式，最快的做法，就是刪除委派象限的任務。本章的作業很簡單：進行時間與能量審核。

要是你需要提示，可以往回翻閱本章。另外提供一個可以下載的模板，請見網頁：BuyBackYourTime.com/Resources。

第五章

尋找關鍵人才的優先順序：取代梯

移交任務就像爬梯子，
按照階段循序漸進，
就能穩步抵達目的地。

要是你的事業全得靠自己來，你就不是老闆——你只是個員工，而且做的還是全世界最爛的工作，因為你在幫一個瘋子效命！

——《創業這條路》（*The E-myth Revisited*）作者麥克．葛伯（Michael E. Gerber）[1]

第一章短暫提到安迪．沃荷，你或許早已熟知他出名的康寶湯罐頭畫作、瑪麗蓮．夢露的絹版印刷，以及獨樹一格的公眾人物肖像。就算只知道皮毛，大多數人確實都對沃荷略知一二。根據《紐約客》雜誌，「在世界藝術史上，沃荷是人生記錄最完整的藝術家」。[2]最終，沃荷名下共有八萬五千件藝術作品，以及五百支影片。二〇一四年，沃荷作品的交易金額，在全世界藝術品的交易中，占了約高達一五%。[3]試想一下：全世界所有藝術品交易中，約有六分之一的金額，全貢獻自他名下的作品。

嗯，也許是同一個**人名**，卻絕不是同一位**名人**。

沃荷真正拿手的，或許其實是商業的藝術。他挖掘了不斷複製個人點子的方法，培養出個人品牌的崇拜信眾，邀人前來他名符其實的工作室「工廠」。在工廠，他從販賣藝術的商人搖身一變，成了帝國的領袖。沃荷研發出了獨到的創作手法，把絹網放在照片上，讓墨水滴落，賦予成品一種「製品」的感受，他想創作出所謂的「生產線效應」藝術。[4]有了忠實信眾、助理和調整優化的創作流程，他果真打造出屬於自己的生產線，不只是藝術作品帶給觀者的感受，實際上也確實如此：他的藝術作品大多都是由他人代工。以下是古根漢美術館（Guggenheim）的描述：

> 一九六二年，在網版印刷發展中期，沃荷開始把絹網當作媒介，與藝術工作室助理利用這項技術，模擬工廠生產線，創造出數量驚人的繪畫與雕刻品。沃荷以他機械化的生產手法，顛覆了對於真實的既存觀念與藝術家之手的價值。

他一方面雇用工作室助理，同時也借用其他藝術品：他運用不少已在公共領域流通（不受版權限制）的照片，複製並出售絹版印刷的作品。沃荷還雇人幫忙創作文字：他用錄音帶創作，再付錢請年輕人寫書。

沃荷找到方法，讓其他人取代自己，所以工廠的藝術品千真萬確全是「安迪．沃荷」的作品，卻不代表他是唯一的藝術創作者。

當你近距離觀察沃荷的一生，就會發現他投入生產製程的心力，不亞於他對個別作品的用心。他利用這種製法，按需求生產可複製的商業化作品，最後以數千美元賣出。以下是他最為人所知的名言：「採用這種繪畫方法，是因為我想成為一部機器。」[5]藝術創作恐怕是最難系統化再製的東西，沃荷卻為創作打造出了一種可複製的製程。再強調一點，他絕非一人獨攬所有工作。沃荷對商業化的概念無法自拔，於是把藝術本身商業化（因而飽受其他藝術家抨擊）。

他遺留給世人的，不是幾幅親手創作的藝術品，而是打造出一台機器，生產出八萬五千件散布全球的高品質藝術品。[6][7]安迪．沃荷不只是把藝術化為商業。

他的商業**本身就是**種藝術。[8][9][10]

*

看來，沃荷從未在取代象限卡關，他不斷專注發揮個人所長——將藝術品商業化。沒有可複製的原創作品？借用公共領域的圖像就好。如果需要製作更多藝術品呢？找助理幫忙囉。要是沒有符合他需求的藝術品複製流程怎麼辦？那就再發明。

沃荷專注在生產象限，但他確實為每幅藝術品貢獻了最重要的要素。他知道他需要的是流程、方法、人力，以確保時間與能量都能集中在他最擅長的事務。於是他創造出一台機器，就如伊隆．馬斯克（Elon Musk）曾經說的，他知道該怎麼「打造一台能夠打造機器的機器」。

說到雕塑、繪畫、素描等藝術，不難理解為何有些人對沃荷充滿怨言——他的作品並非完全出自他手。可是談到商業，卻沒人相信艾迪．鮑爾（Eddie Bauer）本人會一針一線把皮革縫上夾克，也沒人覺得湯米．席爾菲格（Tommy Hilfiger）會親手縫製所有印有他名字的夾克。以藝術角度來看，沃荷的手法確實頗具爭議，畢竟那不是商界。但是身為企業家的你，大可運用這套原則，卻不惹上爭議。

想要跟沃荷一樣取代自己，其實沒那麼複雜，你需要的只是方法。

從委派走進取代象限

上一章中，我們講過該如何**火速**從委派象限脫身，現在我要傳授你跳脫取代象限、走進生產象限的方法。

我要你找出既能賺大錢，**又能**讓你充滿能量的事。

委派象限中能即刻收割的任務，通常都是一些可以迅速移交給團隊其他人，或外包給公司外的人的簡單工作。無需多想，甚至不用流程，就能決定該如何消滅這個象限中絕大多數的任務。

但取代象限不同。取代象限中都是重要的高產值任務，所以交給誰就變得很重要。沃荷的事業需要流程，你也一樣。

人人都知道要雇人幫忙，我想不出有哪個領袖不懂這個概念。事實上，我甚至不確定有哪個三歲小孩會不懂，當父母吩咐他們收玩具，而他們回答「嘿，媽咪／爸比，你可以幫我嗎？我可以讓你當我的好朋友喔」，你就可以說這孩子已經在運用雇人術了。

儘管如此，**億萬富翁**還是會深陷泥沼，試著釐清哪些任務應該花錢請人、應該錄用誰、如何有效管理所有大小事。其實以概念來說，「雇人」並不難理解，我們真正誤解的是流程。

這就是我研發取代梯的原因。這套系統經得起時間考驗，無論公司處於哪個階段，你都能移交公事，不分公司、發展程度、產業，全部適用。

以下是梯子的順序，從低到高排列：

第一階：行政
第二階：傳達
第三階：行銷
第四階：業務
第五階：領導

有個重點：這不是一張**組織結構**圖，而是一條循序漸進的途徑，讓你清楚看見，若想持續買回時間，接下來該移交哪些任務。

要是我要你「把所有責任移交出去」，你大概會噴飯吧。還是那個道理，要是真有那麼輕鬆愜意，你早就做了。問題在於，有些任務至關重要，而且委託他人需要一**大筆**經費。不用擔心，你可以照著這條途徑循序漸進，然後像沃荷那樣，持續把奪回的時間重新投資在你熱愛的事，一步步往階梯上方移動。

取代梯

每一階取代梯，都包含三大關鍵要素：

- 你必須找到的**關鍵雇員**
- 你目前對於壓力或自由的**感受**
- 必須移交給關鍵雇員的責任（我稱之為**職務所有權**）

以下是集結這三個要素後的樣子（見圖表六）：

關鍵雇員

關鍵雇員固然很關鍵，但請把一件事銘記在心：真正的重點不在頭銜，而是職務角色。例如，你可以稱負責第四階的人為業務代表、銷售主管、首席銷售官、銷售大王，稱謂是什麼不重要，真正的重點是，這個人負責掌管客戶拜訪和跟進業務。

圖表六　取代梯

關鍵雇員	你的感受	職務所有權
領導	心流	策略及成果
業務	自由	拜訪及跟進
行銷	矛盾	宣傳活動及流量
傳達	停滯	入門教學及支援
行政	動彈不得	收件匣及行事曆

套用取代梯雇人，井然有序地移交任務，就能避免在取代象限中卡關。企業家覺察自己在每一階的感受，以此為基準召募關鍵雇員，或讓原員工升職，並把職務所有權轉交給關鍵雇員，企業家就能再往上爬一階。

職務所有權

也許你已經有幾十名員工，而且嚴格來說，其中幾個人已經負責上述事務。也許你有一名行政助理、一個業務團隊，或一名行銷專員，但我問你：他們都握有**職務所有權**嗎？即使你有兩百萬美元營收、五十名業務人員，除非有人負責掌管某一階的任務，否則成果驗收還是得由**你**來，這種情況下你插翅難飛。除非你內心已放下某一階的責任，否則還是動彈不得。

感受

注意一下這張圖表的進程，從**動彈不得**到最終的**心流**：一開始你會覺得陷入困境，那就雇用助理，把行事曆和收件匣的管理責任移交給他，慢慢地就不會那麼辛苦了。

要是你的團隊中已經有好幾個人，感受就格外重要。我和小有規模的公司合作時，要是可以釐清創辦人的**感受**，就能判斷公司當下處於哪一層取代階。（如果他們表示當下覺得停滯，答案就很清楚，他們位處第二階：傳達。）

不分規模或盈利狀態，我收購的公司都是從最底層**依序**爬上階梯。

舉個例子，最近我買下一間軟體自動化公司，姑且叫它「稀奇自動化公司」。該公司已有十二名員工，但執行長（也是企業家）沒有行政助理，於是我幫他雇了一位，馬上就升等到第二階。我們專注在傳達事務，要是他完成這一階，我們就能往下一階前進。

如果你的公司才剛起步，可以在發展途中思考這個階梯。如果你已有幾十名員工，就從第一階開始，一路爬上取代梯。如果你判斷不出自己究竟位在哪一段，問問自己：我現在的感受是什麼？脫口而出的答案就是很好的指標，會直接指出你目前的位置。

最後別忘了：這件事攸關先後順序。只要循序漸進往上爬，你就能爬到艾菲爾鐵塔頂端。要是不按照順序進行，就會零進展。

再說一遍，買回原則的目的不是多找一名員工，而是在每一階取代梯上，幫你爭取更多時間。切記：

別為了拓展事業雇人，而是雇人幫你買回時間。

第一階：行政

關鍵雇員：行政人員[1]

你的感受：動彈不得

職務所有權：收件匣和行事曆

要是沒有辦事效率高的行政助理，你就得花大把時間與能量在低產值的行政工作，由收件匣支配你的一天，忙著收幾十封信，再一一轉發至其他部門、批准請款單、回覆行事曆要求。

但只要你雇用專門負責收件匣和行事曆的行政助理，卡關的感受馬上就會減弱（下一章會再細談這一階）。

第二階：傳達

關鍵雇員：客服或傳達的負責人

你的感受：停滯

職務所有權：入門教學及支援

有的人可能會形容這一階是「顧客成功」，概念確實大同小異，簡單來說，就是你給顧客的承

1 作者注：也就是行政助理或總務專員。

諾。假如你有一間軟體即服務公司，指的就是你的平台；假如你是事業指導教練，指的就是你的指導教學；假設你有一家咖啡廳，說的就是你賣的摩卡咖啡。你能想像馬克．祖克柏現在還幫臉書（現在變成Meta了）寫程式嗎？

對許多企業家來說，公司的核心產品或服務往往帶有情感價值，很難割捨委派出去，畢竟那些都是企業家的拿手技能，他們也樂在其中。譬如馬斯克喜歡工程設計，賈伯斯熱愛設計的相關層面，華特．迪士尼其實喜歡幫米老鼠配音。假如你有一間餐廳，你可能很喜歡烹飪；假如你有一家建設公司，你可能很享受繪製草圖。事實上，沃荷也**真心**享受多半的創作過程。

若是如此，我會建議你遵循10–80–10的規則（見圖表七）。由你展開最初的一〇％工作，接著請別人執行中間的八〇％，最後再由你回頭完成最後的一〇％，為工作專案補上最後的神來一筆。

如果有人告訴我，世界知名攝影師安妮．格迪斯（Anne

圖表七　10-80-10規則

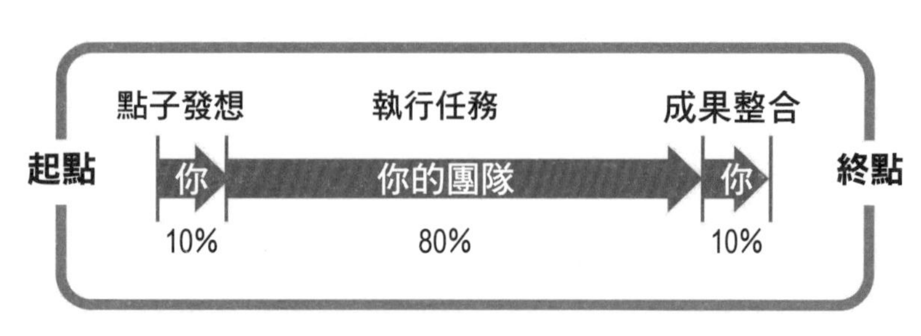

10-80-10規則的應用技巧很簡單。要是你仍想參與最終成果，這個規則就派得上用場，但你不必全程參與，想一下蛋糕的初始設計及裝飾，主要工作完成後，你只需要在最後一步補上個人筆觸就好。

Geddes）、室內設計師喬安娜・蓋恩斯（Joanna Gaines），或作曲家約翰・威廉斯（John Williams），至今仍自己一手包辦**全部**工作，我會深表懷疑。他們反而替個人創作建立了指導規範，藉此學會有效拓展個人能力，信任並託付他人將工作完成。

第三階：行銷

關鍵雇員：行銷負責人

你的感受：矛盾

職務所有權：宣傳活動及流量

覺得很耳熟嗎？第一季，你在他人引薦下展開新事業，經營全新合作關係，發布行銷內容，推銷現有客戶購買更多產品，打廣告、贊助活動，吸引客人進入你的咖啡廳、法律公司或平台。你漸漸看見新的顧客、合約和營收上門，於是暫停行銷工作，開始專注執行全新的業務。

到了第三、四季，你已完成全新業務的大小事，現在幾乎沒有新業務上門，於是你擬定計畫，再次瞄準隔年第一季的行銷。

你重複這個循環：第一季，行銷。第二、三季，執行。第四季，業務速度放緩，你繼續為隔年的計畫預備。

我稱這為矛盾——企業家**看得見**事業成長，幾乎**嚐得到滋味**，但每年感覺都像駕駛飛機，啟動引擎、踩下油門，卻在起飛前失速，幾乎無法飛離地面。

這樣下去，公司絕對無法成長，至少無法大幅成長。

放掉行銷，找人代為處理，確保下個月、下個季度、下一年還有業務上門。

注意：看你的事業經營多久，或許你已知道幾套證實有效的行銷宣傳手法，例如你可能很清楚廣告、影片或排行榜是否有助於刺激業務。第七章我們會探討，該如何利用教戰手冊中的攝影機法，把你累積多年的行銷知識，原封不動地傳授給員工。

第四階：業務

關鍵雇員：業務代表

你的感受：自由

職務所有權：客戶拜訪和業務跟進

爬到第四階時，已經有人幫忙負責行政事務（行政助理），也有人向顧客進行入門教學，確保你的產品或服務準時（客服或傳達的負責人），最後還有一個值得信賴的人，執行可預期的行銷策略，不斷刺激帶動業務成長（行銷主管）。接下來，就是卸下業務職責的時候了。

我把這一階放在倒數第二步，是因為你可能是最優秀的銷售員，而且也需要經費才能雇用取代梯前三階的員工，所以等到有持續成長的必要再卸下這份責任，才是務實的選擇。

相信我——你不會**想**卸下業務這一塊，因為銷售員多半沒你強，身為熱血創辦人的你比誰都會賣。我可以拍胸脯保證，你肯定會開除自己雇用的第一位銷售員，只因你的期待太不切實際。

記住一件事：他人能做到八十分，已經是值得拍拍手的一百分。

要是別人能達成**你的**八〇％銷售額，讓你儲存能量、轉用於高產值任務，你已經是贏家了。

再說，儘管企業家**通常**是最強銷售員，卻**不見得**是自己公司的最強銷售員。

為了維持公司業務成長，我曾經每週進行二十至二十五場的客戶拜訪，等到工作量總算讓我受不了（而且拖蠻久才受不了），我雇用了麥可。我向來自認是超強銷售員，我怎麼可能不強？於是我設定了很低的目標門檻，心想麥可大概需要雙倍時間，才能進行完我一半的客戶拜訪，最終成交量則大約落在三分之一。

萬萬沒想到，這數字完全是保守了。

他的客戶拜訪次數和成交量遠遠**超越**我，甚至用**比我少**的時間就達標。沒幾個銷售員能這麼厲害，不過沒關係，別把完美當目標。卸下客戶拜訪和業務跟進的職責，才是你雇人的主要目的。

第五階：領導

關鍵雇員：各階級的領袖

感受：名為「心流」的生產力新紀元

合作：策略及領導

請注意這幾個字：**心流**，關鍵**雇員**，**合作**。當你爬到第五階的領導層級，一切都會出現微妙差異。

心流：爬到第五階後，你就能享受自由——大多數企業家甚至不知道這有可能存在，而我稱這種狀態為心流。在此，你將晉升為第三級交易人：帝國創建人。

關鍵雇員：領導團隊需要多少人手，取決於你從事的產業。取代梯其他階的關鍵雇員，通常可能也屬於這個團隊，但有時他們也可能不適合加入。無論如何，你是時候雇用關鍵領袖，讓他代為管理企業，而不用你萬事親自出馬了。對方可能會是行銷、交付、業務或產品研發等方面的領導人。

合作：最好玩的來了。在這一階，你可以和其他人謀略，和領導團隊固定開會，合作發想點子。他們幫你經營事業、雇人、開除員工、滅火，你可以做個貢獻良多，卻幾乎不必背負責任的旁觀者。

到了第五階，讓其他專業人才幫你經營公司，而你無須天天報到、參與事業雜務，就能財源滾滾來。由於你在其他方面已找到取代自己的人，因此可以繼續把能量用在生產象限。沒錯，你還是需要參與領導階層，但老實說，我發現**大部分**企業家的生產象限都有這一項——他們喜歡謀略及領導，發想點子、揮灑創意。

試想，要是你連續兩週完全不碰公事，目前的公司卻仍能持續**成長**，這感覺如何？要是不用操煩經營的瑣事，你的腦袋能發想出多少好點子？要是擁有一支有能力實踐計畫的執行團隊，你發想的點子能實現多少？如我所說，爬到這一階之後，事情就有趣起來了。

簡單步驟帶動漸進式成長

事業要是缺乏組織，你就會流失顧客和金錢。好比一些小餐館，它們的品質往往優於競爭對手（也就是連鎖餐廳），但顧客卻不太常光顧，因為這類餐廳的水準不太穩定——可能會碰到食物完售、咖啡豆沒了或紙杯用光的情況，客人甚至可能點不到他們最愛的甜點。每次遇到這種狀況，都會讓他們的忠實客戶失望。問題出在哪？因為小餐館的老闆還身兼主廚、行銷總監、會計師，以及計算紙杯數量的員工。

老闆一將訂貨這些行政職責移交給行政助理，顧客就會注意到，這間餐廳從來不缺他們最愛的甜點，於是更常光顧。同理，對於軟體即服務企業家或其他公司老闆而言，就算只是改變小方面，像是加快回覆速度、主動視察、準時履行承諾等，都能立即提升銷售額。

接著，老闆就能爬上取代梯的下一階。

這就是取代梯的美妙之處：從手邊能帶來獲利的資源開始，發現對事業而言必要的關鍵雇員，再把責任移交給對方。

取代梯的設計用意，就是讓你在每一階提高收益，獲得雇用下一位關鍵雇員的資金，最後爬上取代梯的最高位置，進入生產象限。

打敗最難搞的取代象限

如我前面所說，沒人比你懂得取悅顧客。你從事這行好一陣子，對於你想方設法解決的問題，恐怕沒人比你更熱血。

程式設計正好是我的強項之一。

某次，我正在給產品研發團隊一堆專案上的意見。由於我非常熟悉程式設計，也很了解團隊面臨的問題，所以我很自然地丟出了一些關於新工具該如何設計的回饋。後來，惜字如金的首席工程師勞烏客氣地提醒了我，不要插手管這件事。

我已經告訴他們應該做**什麼**，而現在我該做的，是讓團隊自己找出**解決方法**，畢竟這是**他們的**工作職責。

我在企業家身上屢屢看見這種狀況，無論你的專長是什麼，要交給他人都不容易。由於我的專長是程式設計，所以會忍不住跳出來解決問題，但程式設計在我的生產象限內嗎？其實不。所以我不該插手，應該讓團隊自行處理，否則就連我自己都無法遵守我大力鼓吹的買回原則。

把職責轉交他人、讓他們稱王稱后，就是在讓出你的角色，而這也是你感受到自由自在的原因，因為責任不在你了。但要是你跳回去，承擔這份壓力，你就失去了自由。

物換星移的象限

重要的是，即使有些事現在適合你做，日後也可能變得不再適合。

剛展開事業時，我每週日都會自己查看郵件，而且我超級享受。我喜歡在看不見盡頭的垃圾郵件和廣告中，撈出客戶的支票。每撈出一張支票，十八歲的阿丹就像個正港的商人，踩著興高采烈的步伐去銀行存支票。

多年後，週日整理郵件足足耗費我三個小時，我的買回率已是過去的一百倍，可以說光是整理郵件，就會害我損失幾千美元！再說，那時的我對於查看郵件已經厭煩透了，週末不能和家人朋友相處，整個下午還得獨自窩在辦公室。於是我找來一個超強女員工麗莎，自二〇〇六年起，她就協助我查看郵件。**麗莎實在太讚了**。

還有一次，我的客戶路克和他的行銷主管遭遇了瓶頸——每次行銷主管卡關，路克就衝上前解決。但後來總算有人要他放手，別多管閒事。

路克之所以遭遇瓶頸，**正是**因為他很擅長行銷，就跟我很難停止檢查郵件一樣。在某個人生階段，也許某項任務能為你帶來生命力，而那時的買回率，可能不夠你雇用員工幫忙查看郵件。在路克的生產象限中，可能有過行銷這個項目，當時看來也很實際，但創辦人和公司終究會成長，我和路克貢獻的價值已不再相同，薪水也已經上漲。

如何不再卡關

在前面幾章中，已幫你算出買回率，也進行過時間與能量審核，諸如此類的簡易工具，能消滅害你深陷委派象限、耗損時間與能量的任務。消滅了低產值、榨乾靈魂、多半屬於委派象限的任務之後，接下來才是重頭戲。

你不會希望一直卡在取代象限中，因為這雖然賺得到錢，卻不能讓你在賺錢的**同時**保持能量滿滿。取代象限中的任務都很有意義且重要，卻不代表你得把時間投注在這裡。循序漸進運用取代梯，你就能一階階爬上梯子，跳出取代象限，走進生產象限。踏上每一階時，都要記住買回循環：

審核你的時間、能量、資源都花在哪裡。你**熱愛**自己的工作嗎？這份工作是否帶來優渥的進帳？確認自己的感受——目前你對公司是什麼**感覺**？自由？心流？動彈不得？你的感受，就是顯示你正位在取代梯哪個位置的明確指標。

移交不同取代梯上的任務。即使**嚴格來說**，你已經有負責執行任務的員工，但除非他們全權負責該階任務，否則你還是無法登上下一階。

用最能獲利並能給你能量的任務，**填補**剛空出的時間。如果不記得是哪些，可以回顧先前你做過的時間與能量審核：鎖定綠色標示和最多符號標記的任務。

你可能會心想：

我想要一個有效典範，讓我知道怎麼在取代梯各階和員工合作。

我要如何聘用關鍵雇員？

我要怎麼像沃荷一樣，確定員工會按照我的流程走？

很開心你提出了這些問題，因為這就是下面幾章我們要討論的重點。

☑ 買回核心重點

1. 成功擺脫讓人深陷委派象限的繁瑣任務後，很多企業家都走不出取代象限。取代象限中的工作確實能帶來產值，卻也會害創辦人耗費能量。
2. 若想跳脫取代象限，可以運用取代梯，井然有序地爬上台階，用符合你預算的方式，一步步將任務脫手。

3. 你拿手（卻不在生產象限範疇）的事，往往是最難移交他人的任務。你具備一定的技能，也**能**專業地執行任務，但要是不卸下該任務的責任，你就爬不上取代梯。

4. 一般來說，你會希望先從行政助理開始雇起，依序爬上取代梯。如果公司的員工數量很充足，那麼思考自己當下的**感受**可能會有幫助。接著，專注處理這一階取代梯。

5. 取代梯共有五階，每階都有各自不同的**關鍵雇員**、**你的感受**、**職務所有權**。（參考圖表六）

思維練功場

判斷自己目前位於取代梯哪一階，就是你本章的作業。我們稍後會講到雇人的方法，現在你只需要誠實面對自己的位置，思考目前的感受、手下有哪些員工，以及接下來想爬到哪一階。

A. 問問自己：我的公司帶給我什麼感受？

B. 接著思考：取代梯的哪個職責讓我現在舉步維艱，跳脫不出取代象限？

C. 最後決定：思考該如何把這些任務慢慢移交出去。你需要雇人嗎？還是只要把工作卸下肩頭，轉交給團隊的另一個人？

第六章

自我複製的方法

不必費力找到另一個自己，
把你的高水準複製貼上，
就有更多時間讓人生升級。

想像一下你在時報廣場有間辦公室，大門直通辦公室，任誰都能隨時隨地走進門，交給你一張寫著待辦事項的便利貼：

「我們今早得開會。」

「我需要你處理這張請款單。」

「請批准這項宣傳活動。」

「你的大頭照在哪裡？」

「你七月會來參加會議嗎？」

「你希望我怎麼處理這份財務報告？」

很多企業家每天都過著這種生活，從踏進辦公室的那一刻，他們就得深呼吸，點開電子郵件應用程式，一頭栽進郵件大海中，處理那些不停求他關注的大小事。他們的時間不再屬於自己，而是屬於收件匣。

雖然一般的企業家，不會在時報廣場正中央為全世界敞開大門，但他們每天卻可能要跟電子郵件搏鬥，任憑別人輕易奪走自己的注意力，分心、能量耗損就是這麼找上門的。但其實，讓自己的收件匣變成一份公開的待辦清單，也是他們自找的。

善用助理，還你自由

還記得第三章布蘭森的滑雪之旅嗎？我刻意藏了一個彩蛋：全程跟著布蘭森的那位員工，其實是他的行政助理漢娜。

滑雪之旅進行到一半，我問了漢娜：「你們兩個都是怎麼合作的？」

漢娜開始跟我解釋，她幫布蘭森做哪些事（所有大小事都歸她管）、她是如何做的（根據他的系統執行），以及他如何監督她的工作進度（每天早餐時同步會報）。

每個呼天搶地求布蘭森關注的人，都會遭到漢娜溫柔的「攔截」。她不會對布蘭森提出「借一步說話？」這種臨時會面，也不會用「只要一下就好！」的理由打斷布蘭森的工作。漢娜不管其他人的要求，而是根據布蘭森的規定幫他打點生活。

有些人也許會稱這個職位為行政助理、個人助理、總務專員或幕僚長，意思大同小異，在接下來的內容中，我會先稱之為「行政助理」。若是用人得當，這個職位就能保護公司最寶貴的資產，那就是——創辦人的時間。

事實是這樣的：如果你想奪回個人時間，就**必須**找一名助理。就算你**已經**有助理，也別急著放下書，因為大多數的創辦人並沒有善用助理。

如果你沒有助理，聽到我提起雇用助理時，可能會渾身緊繃，我懂。每次我建議指導客戶雇用助理，都會聽見五花八門的藉口。

- 我沒那麼多可以交代他們去做的事。
- 我付不起行政助理的薪資。
- 我何不自己來就好？
- 我想要完全掌控自己的公司。
- 我沒有可以讓他們依循的系統。
- 我怕別人覺得是我太懶。
- 我覺得我還沒忙到需要請助理。
- 我怎能委託陌生人管理我的個人信箱？
- 找助理經手所有私事，會讓我覺得不安。
- 從頭開始教別人怎麼幫我，反而比較費力（又花時間）吧。

這些我早就聽到耳朵長繭。

告訴你一個真相：如果你希望事業爆炸性成長，並且實際運用買回原則，那你就得雇用助理，沒得商量。這是每位企業家首先該雇用的員工。你在行政雜務上每花用一小時，回覆電子郵件、管理行事曆、打電話找園丁、付水電瓦斯費等，都會奪走你實現事業和夢想人生、與家人共處的一個小時。

1. 身兼數職

每次我建議雇用行政助理時，企業家一定都心想，我沒有可以交代他們去做的事啊。我們先回到你在第四章做的時間和能量審核。觀察你用紅筆標示，並且只標記了一或兩個符號的事項，如果你還沒脫手，就問問自己：清單中有哪些是我可以交託給行政助理的事？要是你以為一份責任只能交給一位職員，那就誤會大了：

「我需要一名業務，幫我打點銷售業務。」
「我需要一名行銷專員，幫我掌管行銷。」
「我需要一名總務專員，協助監督行政事務。」

長久以來你都是身兼數職，別人憑什麼辦不到？記得，終極目標是買回你的時間。不要覺得把好幾項任務丟給同一人很奇怪，你在第四章中列出霸占時間的活動，可能包括：

- 回覆電子郵件

- 安排行程
- 為計畫案進行研究
- 清除數據資料
- 更新報告內容
- 財務工作流程
- 寄送禮物給同事
- 出差安排
- 採購
- 行政工作
- 網站更新
- 社群網站貼文

如果**你**還在做這些事，猜猜怎麼著？

你已經有助理了——就是你無誤！你已經做足一名優秀行政助理該做的工作。而且我猜，你的買回率**遠遠**超越你花錢請人需要付的酬勞。

2. 無痛執行

行政助理還有一大好處，那就是能夠客觀執行任務，不會受到心理與精神的負擔拖累。舉個例子，有時硬著頭皮付清一大筆必須處理的請款單很難，又或是你可能不想安排某場你知道會有溝通困難的會面。可是行政助理沒有你的情感包袱，想一想打掃家務就知道了。打掃別人家絕對會比打掃自家簡單，畢竟你不是主人，不會對別人的垃圾依依不捨。

想要知道某事物對你是否造成情感包袱，有個簡單做法，就是問自己：**我故意拖延哪些事不做？**任務可能因人而異，但都能輕鬆交託給你的行政助理，畢竟他們沒有你的情感包袱，可以客觀執行任務。

3. 照規定來

和客觀執行任務一樣，你的行政助理也比你更容易按照規矩走。為什麼？因為創辦人**總是**會想找機會破例。

假設你規定自己，絕對不接酬勞低於一萬美元的工作案，因為你已經算過，要是接下低於這個數字的工作案，長期下來公司就會虧損。這個規定或許立意良善，但除非認真執行，否則沒用。

要是現在有份六千美元的工作案找上門，身為創辦人的你可能會忍不住接下，替自己找各種藉口，或是想出其他理由。你接下這份工作，以為自己是日行一善，事後卻悔不當初。

可是你的行政助理不會有這種問題，只會客氣回應：「不好意思！但這份專案不太適合敝社，容我向您提供其他選項……」

某些任務會附帶情感包袱，你大可不用想辦法抵擋誘惑，只要請行政助理幫你擋掉就行。

4. 不再粗心犯錯

沒人比行政助理更懂得守護你的時間，讓你持續走在正軌，保持專注。

如果你有行政助理，他們就能幫你回覆電子郵件、寄大頭照，確保工作案不會因粗心而出錯。

試想：要是下次你放假兩週，即使本人不在，公司也還是好好的、沒有停滯不前，你會覺得如何？工作案一如往常順暢進行，彷彿你根本沒離開半步。電子郵件也正確轉移到資料夾及回覆，無論你人在不在公司、收件匣中有哪些訊息，都完全不會對公司發展造成瓶頸。

這就是優秀行政助理能為你實現的現實！

從「放過自己」開始

如果你有助理，卻還是自己查看電子郵件，請仔細聽我老哥皮耶的故事。

還記得嗎？皮耶的建設公司陷入僵局，甚至瀕臨破產，後來他找回了生產象限的任務（真正讓他熱血沸騰又賺大錢的工作），才總算能繼續發揮個人長才：銷售業務。不到十年（截至二〇一七年），他的生意突飛猛進，規模大到超出他的想像，但雜七雜八的工作也讓他累到不行。

我建議他找一名行政助理，但我沒傳授他雇用助理的有效**架構**。他找了助理，幾個月後當我問起這件事，他告訴我：「我看不出找助理哪裡好。」

我簡直不敢相信！我的行政助理明明就幫助我逆轉局勢，還讓我買回了行事曆的**好幾天**耶。這時我才恍然大悟：我忘了傳授他與助理合作的**架構**。「皮耶，你的助理有幫你處理**所有**電子郵件、管理**所有**行事曆內容嗎？」

「沒有。」

突破盲點了。

行政助理最基本的功能，就是提供我在取代梯第一階講的兩大支援。第一，他們應該有條不紊地管理你的行事曆；第二，他們應該自行處理你的收件匣。我向皮耶講解這兩大關鍵職責後，他才總算逆轉局勢。

如果你已有助理，卻還是覺得哪裡不對勁，請先確定他們有為你管理所有行事曆內容、處理所有電子郵件，這就是你和助理合作的第一步。

職責 1：行事曆

你的行政助理能幫你做很多事，但最優先也最重要的，就是負責你的行事曆和電子郵件。

你不該是第一個碰這兩樣東西的人，而是要幫行政助理設計一套規則和系統，方便他們管理，接著把工作交給他們，就是這麼簡單。

我們會在第八章詳盡講解如何打造完美一週，把你一整天的每個時段都交代得清清楚楚。但現在，先幫行政助理建立基本的指導方針，讓他們曉得你何時有空，可以進行哪些工作。你可以從以下事項開始：

1. 你何時「上工」？何時在家？
2. 你何時有空開會（播客節目專訪、業務拜訪、新客戶的入門教學、一對一面談等）？
3. 你在哪幾段工作時間需要全神貫注、不能有人干擾？

若有人想請我參加播客節目專訪，我會將他們的訊息轉發給我的行政助理。要是有突發的重要會議，除非**真的**火燒屁股，否則我不會立刻知道。不用我特地告訴他們，我的行政助理就知道怎麼重新安排重要會議，他們已經很清楚，可以排在週二或週四下午一點到四點之間。我的助理比我清楚我的行事曆，要是有表定之外的行程，我就會請**他們**幫我確認。助理查看行事曆後，會告訴我最適合安插行程的時間/日期，這正是雇請助理的用意。

掌管我行事曆的人**不是**我本人，而是我的助理。

職責2：收件匣

行政助理應該管理的第二件事是什麼？你的**收件匣**。

如果你和我合作的多數企業家一樣，那你就不是自己規劃每日行程，而是由你的收件匣左右你的時間。什麼任務最重要，決定的人不是你，下一封跳出螢幕的電子郵件會告訴你。大多數企業家都把收件匣當成任務管理工具，提醒他們重要與緊急事項，以及接下來應該進行的工作。

新聞快報：收件匣並不是你老闆。

就像行政助理負責管理你的行事曆一樣，把收件匣的管理權杖也一併交給他們吧。

> **規定自己：我不准再自行亂碰助理尚未查看的電子郵件。**

要是有一個人幫你監督收件匣，查看每個重複跳出、不斷霸占你時間的簡單要求，你能想像會是怎樣嗎？如果每張收據、每個大頭照或開會的要求、每個寫來「借問一下」的電子郵件，都**不需要**你親自回覆，你會有什麼感覺？

我知道你會心想：我不能交出所有掌控權。

我懂你的意思，你想確認電子郵件有被歸到正確的資料夾，客戶被照顧得服服貼貼，而你也沒錯過重要的資訊更新。

不要覺得讓助理處理收件匣，你就會失去掌控權，而是要把這當作是一種掌控自我時間的做法。

電郵GPS

交出收件匣的鑰匙時，你需要一套郵件分類系統，確保問題如你期望、準時妥當地處理。我使用的系統叫作電郵GPS（見圖表八），我和幾十名客戶都用這套系統維持掌控權，卻不必查看大部分的電子郵件。

電郵GPS是我精心打造的系統，由好幾個資料夾（或標籤）組成，能跨越幾乎所有產業，所有企業家都適用。有了這些規則，你的行政助理不需要麻煩你，就能完全依照你的做法，歸類九〇%的電子郵件。

以下我列出電郵GPS的使用方法。噢，我知道驚嘆號和數字看起來很蠢，但其實非常重要。不少電子郵件服務（例如Gmail）會以字母順序排列你的標籤，所以如果你按照下列做法，加上驚嘆號和數字，收件匣最上方就會保留你原始的標籤（或資料夾）。

以下是依序出現在我收件匣的個別標籤。

圖表八　電郵GPS系統

電子郵件

規畫 你的一天	自動過濾	交由 助理處理

7個資料夾

所有郵件

- ！ 你的名字：
- 1. 待回覆：
- 2. 需審查：
- 3. 已回覆：
- 4. 等待中：
- 5. 收據／財務：
- 6. 電子報：

回覆中

收件匣流程	溝通指導方針

嗨（插入人名），
我是蘿倫，丹的助理 :)
我比他早看到這封信，心想你可能希望盡快
收到回覆……

強大撇步　關掉所有應用程式的訊息通知

很多企業家不想把收件匣轉交他人，覺得這樣一來會失去掌控權。這套系統不用你親自出馬，就能保證電子郵件被正確歸類及回覆。還有個額外的好處，那就是：等到你實施這套系統，就能關掉所有電子郵件應用程式，找回專注力。

！你的名字：這個標籤儲存的，是唯有你能回覆的少數電子郵件，例如：重要客戶提出的重大請求、偶發狀況、牽涉高收益的決策。

1. **待回覆：**你的助理會為所有稍後需要處理的郵件，貼上這個標籤。
2. **需審查：**這個標籤可用於所有助理不確定的情境。我的行政助理會把這類郵件標上「需審查」，每天上午我們會花十五分鐘的時間一起解決：「阿丹，我有封來自艾蜜莉的電子郵件，她要你去她的會議演說，我覺得你應該去。」最後我再給出最終肯定（或否定）的答案。
3. **已回覆：**助理回覆電子郵件之後，會貼上這個標籤，供你查看。
4. **等待中：**這些是需要等其他人行動，才能進行下一步的電子郵件。
5. **收據／財務：**這個標籤下的郵件都是財務事項。
6. **電子報：**你想閱讀的內容都收在這裡，你可以**自己**決定時間，用個人的時間閱讀。小提示：可以使用自動分類功能。

要是想發揮電郵GPS的最大效益，務必確定郵件全轉移至**同一個**收件匣。助理查看電子郵件時，會分批放入正確的資料夾中（或貼上正確標籤），再不然就是封存電子郵件，照理說這時你的收件匣已處理完畢，空空如也。（大部分電子郵件應用程式都能讓你封存郵件，郵件就不會再出現在收件匣，但仍保存在信箱中，以防日後需要查找。）

我不用自行讀取郵件，行政助理就能運用這套系統，幫我轉移及回覆大部分電子郵件，而他們通常在幾個鐘頭內就能回完信。我還想出可供助理套用的簡單回覆，所以客戶和合作夥伴不會因為不是我親自回信，就覺得反感：

我是蘿倫，丹的助理:)

我比他早看到這封信，心想你可能希望盡快收到回覆……

同事都很愛這個回覆，對於能火速收到回信也很滿意。畢竟如果會議主辦方需要大頭照，但我過了三天才寄給他們，這對誰恐怕都沒好處。

*

我已經知道你的時間與能量審核表上，不少任務都粗分成上述兩大類別——行事曆與收件匣。簡單來說，如果你把這兩大類任務轉交給他人，管理的人變成**他們**，你的自由時間就跟著大爆炸。

好助理值千金

創作這本書時，我的朋友強納森正準備以九位數的價格出售他的公司。他打電話給我，說：「阿丹，我要賣公司，條件也不錯，只是我不敢相信我即將跟合作**九年**的行政助理道別。」

我告訴強納森一個簡單的真相，那就是：他需要談條件，**保住**這名助理。

強納森近十年來做得很好，和他傑出的助理培養出了好感情，助理訓練有素，對方也認識他家人，他很信賴這名助理。現在他最不想要的，就是聘一名新助理。

在《紐約時報》暢銷書《別自個兒用餐》（*Never Eat Alone*）中，啟斯・法拉利（Keith Ferrazzi）表示：「別把他們當作『秘書』或『助理』，他們其實是你的同事和生命線。」[1]有了我的行政助理，我就不必在緊急事件和重要事項中做抉擇，我們兩人可以合力完成。

*

我都說了，這章內容真的很快就結束了！

我希望你找到一條自己能走的途徑，確保能在公司中找到取代你的人，不斷買回自我時間，並且用在真正重要的人事物上。

要是你納悶，我要怎麼知道工作有確實完成？別擔心——這就是我們下一章要講的主題。

☑買回核心重點

1. 若想從今天起就移交委派象限的任務，行政助理就是最簡單的做法。每位企業家都應該有一位助理，沒有例外。即使你負擔不起傳統的全職助理，還是可以算出你的買回率，考慮請一名虛擬（遠端）助理。

2. 因為沒有你的情感包袱，所以助理能確實執行任務。畢竟公司不是他們的，所以他們通常不會像你一樣，害怕對顧客說「不」。設下規定，享受這套系統帶來的好處，等待助理完成任務。

3. 行政助理應該完全扛下兩大職責：你的收件匣和行事曆。你不該是第一個回覆電子郵件，或安排行事曆會議（或者其他事）的那個人。

4. 創辦人身兼數職，尤其是公司草創期間。員工也能身兼數職，尤其是行政助理，所以不妨考慮把幾項任務交給同一人處理。

5. 企業家通常想掌控自己的收件匣，因而害怕交出所有權，請人代為處理。運用電郵GPS系統，交出你的收件匣，你會覺得一切仍在你的掌控之下。

思維練功場

所有創辦人都應該盡快找一位助理，至少把收件匣和行事曆的責任轉交給他們。

但**如果你目前已經有助理**：

A. 確定助理已在管理你的收件匣和行事曆。

B. 請助理設定電郵 GPS 系統。

C. 將其他可交出的委派象限任務委託給助理。

如果你還沒有助理：

雇用一個吧。助理就是你下一個該雇的員工，不管你身在哪個產業、公司規模大小、你有多少員工，助理都是一定要的。利用買回率計算出預算，有必要的話，也可以考慮雇用虛擬或遠端助理（關於雇用的小撇步，參見第十章）。

第七章

打造黃金教戰手冊

成功的事業都有共通點，
而你需要做到的是：
確定規則，讓企業始終如一。

策略性思維需要診斷和設計，缺一不可。

——橋水基金創辦人，雷．達利歐（Ray Dalio）[1]

《速食遊戲》（*The Founder*）描述麥當勞的崛起過程。電影開頭，雷．克洛克（Ray Kroc）前往探視第一家，也就是當時唯一的麥當勞餐廳。

和麥克及迪克．麥當勞兄弟見面之前，克洛克點了一份漢堡、薯條和可樂。結完帳，人都還沒離開窗口，一名員工已把紙袋遞給他，克洛克滿臉問號：「不，不，這不是我的，我才剛點完餐。」櫃檯人員微笑告訴他，這就是他剛才點的餐點。

克洛克望著長長的排隊點餐人龍，不消幾秒客人就帶著餐點離去。他想不透餐廳是怎麼在這麼短的時間內，迅速生出這麼多產品（及盈利）。

最後他找到了答案，那就是：麥當勞兄弟的「速食服務系統」。

他們設計規格精準的廚房，廚房員工的動作全分配得恰到好處。某個工作台上，有兩人負責煎漢堡，其他員工在漢堡裡擠了五下芥末醬、五下番茄醬，放上兩片酸黃瓜、少許洋蔥，不多也不少，最後再由另一名員工包裝產品，完工。

每顆漢堡就是這樣經過每個步驟，沿著生產線前進，最後送到滿臉笑容的顧客手中，一天下來重複幾百、甚至幾千次。迪克．麥當勞在電影中形容：「這就是一首效率的交響樂，沒有多餘累贅的動作。」[2]克洛克看出了速食服務系統有多天才，不光是幾秒內就能做出一顆完美漢堡，最天才的是，這套方法可以在地球各個角落**如法炮製**。接下來發生的事大家都知道了：克洛克真的這麼做了。他把速食服務系統發揚光大，成果甚至超越麥當勞兄弟的預期。他複製他們的方法，應用於全球幾萬間的麥當勞餐廳，兄弟檔在一九三七年開了第一間，到了二〇二〇年，全球已有近**四萬**間麥當勞。[3]

把人生變成麥當勞

在第五章，我們談到找人取代自己，現在就來講講怎麼複製實證有效的流程。SUBWAY潛艇堡、星巴克、麥當勞等等以規模制霸的龍頭公司，從行銷、銷售業務到交付，樣樣都有規格精準的營運作業流程。他們記錄下各種流程，從會計、請款、房地產購置，乃至人力資源都沒遺漏。他們教合作夥伴開請款單、職員打卡下班，也告訴高層管理團隊如何建立新據點。

大部分公司稱呼這種文件為「標準作業流程」，簡稱SOP，我則稱之為教戰手冊。

顧名思義，教戰手冊可以傳授團隊上下執行戰略的方法，從提高銷售業務乃至海外拓展據點都包含在內。教戰手冊，是一種根據被測試及驗證過的慣例來傳授知識的方法，告訴人們「只要做**X**，就會得出**Y**」。

如果你的教戰手冊說明，在臉書上刊登行銷廣告，效果會比ＩＧ好，下一位行銷專員就能直接從臉書下手。如果你的教戰手冊指導銷售團隊，最好在週二跟進業務，因為這天買家答應的可能性較高，下一組銷售團隊成員就能讓進度超前。如果教戰手冊詳盡分析，如何設定信用卡系統最好，你們就能省下大把時間與心力，最終獲得的成果，就是效率和可預測性。

應用在公司場域上，教戰手冊便能解碼龐大規模。克洛克運用麥當勞兄弟的教戰手冊，打造出麥當勞帝國，他無須在每間餐廳重新發明一套完美系統，無論在何處，只需要如法炮製同一套流程。像是星巴克、奇波雷墨西哥燒烤（Chipotle）和微軟這些公司，之所以能夠持續成長，並不是因為他們是業界最強，而是因為他們具有可預測性。他們知道長期下來：

比起斷續不穩的品質，無限的可預期性能帶來更高的價值。

試想：

- 要是下一位行政助理有一套回覆電子郵件的教戰手冊，你會不會更想雇用助理？
- 要是你再也不必向員工解釋該如何完成某項無聊任務，只要交給他們參考文件，你覺得效率會提升嗎？

- 要是下一次雇用行銷專員時，從創作乃至行銷報告製作，行銷部門都各有一套教戰手冊呢？你會比較期待雇用行銷專員嗎？
- 要是下一位你雇用的業務有一本銷售教戰手冊，裡面能找到「何時要和顧客跟進，進行交叉銷售」和「要用哪種CRM[1]」的答案，你知道不用再訓練員工，是否會覺得鬆一口氣？

打造出教戰手冊後，以上都能實現。好消息來了：你不必自己花時間製作一本。因為我有一本教戰手冊，可以手把手教**你**如何製作教戰手冊。更重要的是，你可以採用流程，讓**團隊**製作屬於自己的教戰手冊。

教戰手冊治百病

你可以製作各式各樣的教戰手冊，從尋覓並審核全新潛在商機、撰寫公司財務報告等簡單任務，

1 作者注：客戶關係管理系統，類似賽富時（Salesforce）公司提供的軟體。

乃至蘊藏全部門情報的大型教戰手冊。換句話說，你可能有一本專門執行**某個**任務的教戰手冊，也可能有一本能指導**數個**任務的，本章稍後會再仔細探討。

教戰手冊的目標當然是幫你省時，複製一個不必你親自出馬的流程。

客戶帳單最讓我的水電工朋友彼得頭痛，於是他做了一本教戰手冊。公司的生意迅速成長，結果他忘記開請款單給客戶，忙了幾個月，到了需要申請員工工資和購買新器材的時候，他才赫然想起客戶還欠幾千美元。你想，一口氣收到四個月的帳單，哪個客戶的心情**還能**好得起來？

但彼得輕而易舉就解決了。他挑了某個週日，自製一部帳單處理的影片。有了這支教學影片，他就有了一本手冊，可以傳授他人如何**確實**按照他想要的方式處理帳單。有了這本教戰手冊後，彼得就能處理重複性高，又最讓他頭痛的工作——開客戶帳單。先從最讓**你**頭痛的工作開始，就是最適合你踏出第一步的教戰手冊。

日積月累，你的教戰手冊系統會增加，彼得可能單純沿用同一本帳單處理的教戰手冊，也可能慢慢打造一本財務管理的教戰手冊。例如，我有一本約有八頁的軟體即服務學院財務管理教戰手冊，內容包羅萬象，有財務報告時程，也有客戶拖欠款項的應對方式。如果財務管理人員忘記季度報告截止日，或者不確定哪個職位負責審查兼職人員的工時，都可以翻閱教戰手冊、找到解答。雖然教戰手冊的內容詳盡，卻不至於像螢幕截圖那樣，每個步驟都清清楚楚，而是採用書寫模式，讓員工自行翻閱。不需要我在場教學，員工就能得到財務管理程序的訓練。

我有一本幾乎包辦所有公司事務的教戰手冊，從雇人、銷售業務到行銷都有，甚至還有一本製作全新教戰手冊的教戰手冊！

但我**不**建議從這一本開始做。應該優先處理最讓你頭痛的工作，很可能是遍及全部門的事務，例如銷售業務或行銷，也可能只是開帳單這種小事，就像彼得的狀況。

不論問題大小，你的第一本教戰手冊，都應該優先處理最麻煩的問題。

- 你的業務人員是否沒確實跟進、未達銷售目標、遺漏重要的傳達細節？
- 你的實體店面團隊是否確實開關店門？
- 財務報告是否遲交？雜亂無章？資料情報有誤？
- 工程部門上下是否紊亂不堪，沒人知道如何執行任務，或是由誰負責哪些事務？

我的答案始終如一：製作一本教戰手冊吧。

教戰手冊的四大要素

以下是我幫教戰手冊製作的教戰手冊。首先，必須要包含這四個C開頭的要素（架構見圖表九）：

1. **攝影機法**（**Camcorder Method**）：教學影片。
2. **程序**（**Course**）：過程步驟。
3. **規律性**（**Cadence**）：任務頻率，如每月、每週、每天等。
4. **檢查清單**（**Checklist**）：確認每次必得完成的高優先等級事項。

攝影機法：各種任務都適用的三支教學影片

第一個要傳授給你的祕訣，就是自製教學影片，為完整的教戰手冊打好根基。攝影機法可用於各種工作培訓，等等你就會看到範例。深入講解之前，我**需要**告訴你當初發展攝影機法的故事。

我二十六歲那年，球體科技已成立兩年，盈利一百六十萬美元，共有十二名員工，但當時我還不太懂如何培訓員工、管理或領導公司。我雇用員工，然後雙手合十，祈禱諸事順利。為了申辦工作簽證，我跨越美加邊境，進入我大多數客戶所在的美國，在緬因州班戈（Bangor）開了一間辦公室（怕你還沒發現：我加拿大人，我驕傲）。要從我位在加拿大蒙克頓市的老家抵達美國辦公室，大概需要搭一小時飛機，但我通常會選擇開六個半小時的車，強迫自己培訓員工……而且是邊開車邊培訓。

新進員工坐在我的銀色福斯Jetta後座，腿上擺著一台千禧年代的筆電，電源線接上車用充電器，我邊開車邊講話，他們則在電腦上打下內容。

那已是二〇〇六年的陳年往事，是智慧型手機可啟用熱點之前的年代。為了連上網路，我還在後車廂裝了一大台重約二十二公斤、如同一個三十公分厚披薩盒的伺服器，然後在後座使用筆電和纜線，連上乙太網路。

開車到另一個國家的路上，我會一句句講解，解說球體科技專用軟體的使用操作。有一次，車上甚至有兩名新進員工：一個在後座觀摩，另一人坐在前座學寫程式，我則邊開車邊指導他。

教學進行大約六次後，我總算驚覺，自己老是在重複相同的步驟。我恍然大悟，其實只需要錄一次教學過程，之後請每個員工參考影片就好，於是後來我也真的這麼做了。

圖表九　教戰手冊架構

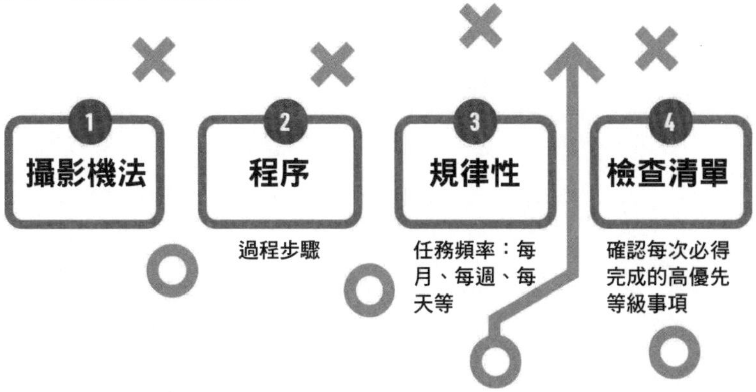

我現在稱呼這方法為攝影機法，剛才也向你解釋做法了。唯一的差別是，現在的我甚至不錄下自己的教學過程，而是像水電工彼得一樣，單純以我想要的方式實際進行工作，並錄下完整過程，然後請助理將影片丟進教戰手冊，之後再請新進員工觀看影片。

想一想有沒有你恨不得委派出去的任務，可能是支付員工工資、週六早起開店，或是提出報告。接著你會恍然大悟，其實不需額外花時間親自教學、訓練員工幫你，單純錄下自己工作的過程就好。截至目前為止，這個省時妙計可能是我客戶們此生的摯愛。我和客戶分享後，他們靈光乍現，三兩下就卸下一堆任務（就像彼得）。

關於攝影機法，有兩個小訣竅：

清楚解說是關鍵。假設你登入個人網站後台，打算上傳一篇部落格文章，並且要挑選標頭、字型等等，以某種方式呈現出內容。這時按下錄影鍵就能開始了。但要確定一件事，那就是手在動的同時，**嘴巴**也要**動**。一邊示範，一邊清楚解釋自己在做的事，用影片捕捉所有你想要的細節。

錄三次。當然，即使是同一件事，每次做還是會有些微不同。假設你想委託團隊某人進行臉書社群網站的宣傳，但每次執行時，內容都會有些微的差距。根據我的發現，三**次**是一個神奇的數字。如果你錄三次自己執行某任務的過程，就能錄下各種任務中需要重複進行的重點環節。

我告訴同事保羅這個攝影機法，他試過一次後，興奮地跑回來找我。身為編輯的他，每次**想要**找出情節和架構等重大書籍問題，卻要耗費好幾個鐘頭進行小雜務（像是查看附註、修改時間日期等）。於是，他套用攝影機法，解釋自己希望如何完成重複性質的簡單工作，然後雇用一名行政助理，把影片轉交給新助理（不需再花時間教學）。結果他不可思議地發現，這樣不僅為他省下時間，他希望完成的小工作也做得**更好**了。

誠如你所見，攝影機法本身就是一種偷吃步，但以下提供教戰手冊的**書中書**用法：

那就是把所有相關影片收進同一本教戰手冊。

我再說一次，一本教戰手冊可以專攻一項任務，也可以擴及整個部門。如果你的第一本教戰手冊，是關於某個簡單任務（例如將客戶資訊輸入CRM中），那這部影片，可能會是教戰手冊中唯一的影片。但如果你最終是想為全部門製作一本銷售教戰手冊，那就可以把**所有**與銷售相關的影片全都納入，而業務人員也能一口氣獲得所有指導教學。

我太喜歡攝影機法了，幾乎所有在筆電上進行的工作，我全都會錄下來，免得哪天我決定把這些工作移交給別人。[2]

---

2 作者注：想要獲得更多攝影機法的資訊，請至BuyBackYourTime.com/Resources。

程序：記錄高優先等級的步驟

教戰手冊的下一步，就是程序。（這裡是我亂用字義，為了要湊滿四個C！）

這一步的用意，是幫教戰手冊中的**每項任務**，列出一份高優先步驟清單。（你目前製作的教戰手冊**可能**只有一項任務，也可能涵蓋全部門、某個職務、某項功用，而手冊中包含好幾項任務。）

假設你要列出「咖啡店開門營業」的步驟，步驟可能如下：

1. 打卡
2. 啟動濃縮咖啡機
3. 用咖啡壺煮咖啡
4. 在手寫板上抄寫今日咖啡
5. 等待十分鐘
6. 打開「營業中」的招牌燈

注意，以上步驟都沒有太鉅細靡遺，只是單純描述高優先步驟。教戰手冊的每項任務中，每一步都應該這麼詳細（再次重申，你的教戰手冊可能包含好幾個任務，也可能只有一個）。

企業家害怕製作教戰手冊的原因之一，就是擔心耗費太多時間精力。過去他們可能試過以螢幕截圖製作SOP，並附上詳細網站及何時使用軟體的詳盡教學。費盡苦心後，公司卻突然變更方向、職務出現更動，或是換了使用工具，最後整本作廢。

製作教戰手冊時，你不必預設對方一無所知，而是單純把它視為一種步驟清單。換個角度想，要是你手把手傳授員工，會想提醒自己不遺漏哪些高優先資訊？

規律性：記錄任務執行的頻率

錄好教學影片，也列出高優先步驟清單後，下一件要做的事，就是開一個「規律性」專區（若是簡單任務的教戰手冊，這部分未必需要）。

在這裡，你可以列出每項任務必須在**何時**完成。當然，有些任務沒有頻率可言，而是依「發生次數」而定。

檢查清單：列出不可妥協的元素

清單能讓你重獲自由。《清單革命》（*The Checklist Manifesto*）和山姆・卡本特（Sam Carpenter）的《系統工作》（*Work the System*）等書，都深入探索了檢查清單的力量。

友人法蘭西斯邀我帶兩個兒子搭他的小私人飛機時，我就親眼見證過檢查清單的威力。我和當年分別是四歲和五歲的兒子擠進飛機，戴上小耳罩，興奮期待地眺望窗外。法蘭西斯先是扭開引擎，然後掏出一本活頁夾，一頁頁檢查按鈕和燈光，我們則略感不耐地等待。就在我快坐不住時，他突然停下了動作。

「嗯，」法蘭西斯望著飛機門外說：「沒錯，爆胎了。」

我看著在後座的兩個兒子，他們正戳著彼此的耳機嬉鬧。檢查清單可能真的救了他們一命。

這就是檢查清單的重要性。原本可能演變成災難性發展，最後只要簡單換個輪胎，擇日再飛就好。《清單革命》指出，飛行員和醫師從業幾十年都使用檢查清單，而且從不妥協。我和員工們看待檢查清單的態度也是如此。

每本教戰手冊中，都有我覺得不容妥協的檢查清單。「所有報告是否收集齊全？確定收件人都讀得懂？」、「你是否已和失聯客戶安排跟進拜訪的時程？」、「你更新軟體了嗎？」

要是某份銷售報告、客戶跟進或更新時出了紕漏，但員工有**確實**按照檢查清單去做，那我就知道這份清單需要更新了，避免日後再出問題。

*

重點在於，儘管教戰手冊無法捕捉所有細節，卻能幫你節省時間。如同我對其他事的規則：他人能做到八十分，已經是值得拍拍手的一百分，教戰手冊能保證八成以上的重複流程，能夠完全按照你的期望進行，並且產出可預期的結果。

附加好處是，只要將教戰手冊保存為可編輯文件，你（或某個專門負責教戰手冊的人，這樣更好）就能視情況必要，更新手冊內容。

*

我們來看看兩個教戰手冊的實際案例吧。

簡易單一任務的教戰手冊

我的好友馬克經營一家成功的軟體公司。二〇一〇年代，他的公司數度獲得雜誌獎項，漸漸打出了知名度。諷刺的是，馬克是唯一負責雇人的人，而他雇員工的速度追不上公司發展的速度，因此公司遲遲無法成長。

最後他弄來一部攝影機，錄下自己講解雇用員工的步驟，然後把影片當作教戰手冊的基礎。現在，他讓**其他人**負責中間的審查和初步面試，自己只參與最後一場面試。馬克總算能回頭做他最拿手的工作——經營一家獲獎無數的軟體公司。

以下是馬克利用四個C，把教戰手冊拆解成不同步驟的做法：

1. 攝影機法（教學影片）

- 馬克錄下自己講解雇人的過程。[3]
- 接著他把影片丟進名為「雇人教戰手冊」的全新檔案裡。

2. 程序（高優先步驟）

- 在社群網站張貼徵人貼文
- 在工作布告欄張貼徵人廣告
- 審核所有收到的履歷表
- 過濾出最後五名人選
- 邀請這五人和部門經理進行面試
- 請部門經理的最終首選與馬克進行最後一場面試

3. 規律性（記錄頻率）

- 規律性不適用於這個情境：畢竟是偶爾一次的任務，依照每次發生的情況進行。

4. 檢查清單

- 我們是否收到至少二十份履歷表？
- 是否每個最終人選都很**期待**在這裡工作？
- 你是否有為馬克筆記，說明你為何中意最終人選？

這就是簡易單一的教戰手冊。最後，馬克可以把該手冊結合其他相關教戰手冊（像是如何一對一面談、如何進行季度審核、如何開除員工），全部收進同一份人力資源教戰手冊。請注意，規律性並不適用於這個情況，在某些狀況下，並非每個C都需要。

現在，我們來看看適用全部門的教戰手冊案例。

多重任務的大型教戰手冊

要為公司全部門、不同工作領域或功能製作教戰手冊，例如銷售業務、行銷或人力資源，你就得遵從類似的輪廓架構。

3 作者注：嚴格來講，攝影機法應該是要錄下自己雇用他人的過程，但這樣有點尷尬，所以馬克單純講解自己的做法。

首先，錄下自己（或他人）為了某工作領域執行任務的影片，然後把影片連結加入全新的教戰手冊。下一步是繼續列出每項任務的步驟，然後標記上教戰手冊的規律性，說明大概多久執行一次，最後再補上一份完成後的檢查清單。

我們一起來看看，財務管理教戰手冊的製作案例。

1. 攝影機法（**每項任務**的教學影片）
2. 程序（**每項任務**的高優先步驟）

- **任務A：每日現金報表**
  - i. 登入公司報表系統
  - ii. 調出報表
  - iii. 寄給阿丹
- **任務B：檢查信用卡額度，確認是否有盜刷記錄**
  - i. （這一目瞭然吧）
- **任務C：支付信用卡帳單**
  - i. 檢查信用額度
  - ii. 付款

iii. 要是超過一萬美元，知會阿丹

3. 規律性（記下頻率）

- **每天：**
  - i. 任務A（每日現金報表）必須天天執行
- **每個月：**
  - i. 任務B（檢查信用卡額度，看是否有盜刷紀錄）必須每月執行
  - ii. 任務C（支付信用帳單）必須每月執行

4. 檢查清單

- 所有報表是否皆已調出？
- 你是否有漏掉任何帳戶？
- 若發現不妥，你能否聯絡上對的人？

很明顯，我簡化了這本大型教戰手冊（有的可能長達二十頁）。不過概念大同小異，只要確保四個C都齊全，就是成功的開頭。如果你想要完整模板和詳細解說，請見BuyBackYourTime.com/Resources。

到最後，你可能會希望公司每個層面，從銷售業務、行銷到人力資源，都能來一本教戰手冊。也許你會想為你的產業或某些公司事務，打造一本教戰手冊。相信我，只有教戰手冊能助你規模升級，在公司各個領域複製自己，而且還不用親自出馬。

*

但就目前來說，先立即收割眼前的成果，找出最讓你頭痛的問題，從那裡下手。

我向你保證：當你擁有一本教戰手冊，並且看見自己的知識反覆結成豐碩果實，你就會上癮，一本接著一本。最後甚至會有一本**你自己**的教戰手冊，傳授教戰手冊的製作過程！

要是你覺得很費事，可能會忍不住想問：「誰會有這種美國時間，製作這麼多教戰手冊？」

誰說要由**你**來製作？

教戰手冊，不必親自動手

其實，我也是利用先前傳授的攝影機法，請**別人**幫我製作教戰手冊。以下是我的做法：

選擇一個讓你頭痛欲裂的公司任務（或領域），利用攝影機法錄下你進行該任務的過程。把影片連結丟到線上文件（例如谷歌文件），然後請**即將接手工作的員工**觀看所有影片，這人可能是新進員工，也可能是團隊某人。接著，再請他自己製作教戰手冊。[4]

請別人自行製作教戰手冊，有好幾個省時好處：

你能從中看出對方是否充分了解流程。正如羅勃特・清崎（Robert Kiyosaki）所言：「散播知識的種子，就會有所收穫。」[4]不管是製作一篇廣告，還是開一家連鎖店，只要請對方記錄必備的執行步驟，你就能看出對方是否充分理解你的流程。

第三方記錄會揪出遺漏步驟。關於某件事該怎麼進行，有時你內心就是會知道，畢竟你已經向客戶推銷自家軟體好幾年，所以所有步驟早就清晰烙印在腦中。你知道何時該跟進業務，客戶剛開始可能會提出哪些問題，為了成功推銷商品可以提供哪些小情報。關於這些，你「就是知道」，但利用攝影機法製作影片時，你可能還是會不小心漏掉什麼。不過當你請**培訓員**記錄工作流程，然後讓你觀看教戰手冊，你卻能一眼揪出遺漏的小步驟。「我差點忘了——工作案結束後，我一定會請人再三確認有付款給合作廠商。」請別人重複你培訓教學的內容，就更能揪出漏網之魚。

4 作者注：唯一**需要**你提供協助的就是規律性，因為你希望任務完成的頻率可能還不太明確。

我錄下自己進行**所有事務**的經過，從財務審計、YouTube影片製作、指導客戶拜訪都有，然後請行政助理把影片上傳至線上的空白教戰手冊。需要把工作轉交出去時，通常也是我雇用新員工的時候，我會要求他們先看教戰手冊，觀看所有影片，然後依此製作教戰手冊。

接著，再和他們進行比對，確認以下兩件事：（A）教戰手冊正確無誤，（B）他們完全融會貫通。

為教戰手冊賦予生命

利用教戰手冊培訓員工很簡單，請新進員工觀看所有影片就好。簡單的教戰手冊可能只有三支影片，但如果你集中公司某職務或領域的所有相關任務，影片就可能多達三十支。無論如何，只要是落在新進員工職務範圍的工作內容，都可以請他們觀看全部影片。

接下來，如果你已經有教戰手冊，請他們從頭到尾閱讀一遍。要是還沒有，就請他們製作一本。經年累月，當你整合不同任務，製成一本涵蓋所有職務範圍的教戰手冊，內容會十分豐富。即使教戰手冊很長，也能幫助新進員工立即進入狀況。

最後一個培訓訣竅，就是直接提出幾個關於教戰手冊的問題，考考員工，確定他們真的讀過了。

至於使用的科技工具，我大力推薦用谷歌文件等線上文件軟體，製作屬於你的教戰手冊。如果你想要**深入簡化**，可以參考我投資的公司 Trainual.com，該公司能幫你的團隊打造ＳＯＰ、指導教學、員工培訓、知識傳授、工作流程，全部一次到位。

從一份教戰手冊開始

先從一**份**教戰手冊開始下手，也就是某個可幫你節省最多時間、帶來最多成果的公司領域。

你可能已經很有心得，反覆試驗實測後，已大概知道客戶追求什麼、理想的合作廠商該有哪些條件、何時要熱情招待大客戶、如何幫公司召募頂尖人才。在諸多努力之下，你的投資已經得到了一些報酬，就像麥當勞兄弟已經有一間餐廳一樣。但當**克洛克**一登場，按下複製鍵，就利用麥當勞兄弟得來不易的經驗與知識，直接收割了優渥的回報。

你何不按下那顆複製鍵？

☑ 買回核心重點

1. 最成功的公司表現始終如一，品質穩定。如果你想擴大公司規模，就要學會維持公司上下的亮眼表現。
2. 你可以運用攝影機法，錄下自己做某件工作的**完整**過程，而且無須多花時間（如果真有必要花時間）。只需錄下自己執行任務的過程（最好是三次），記得邊錄影邊解說，移交任務時，再請培訓職員觀看影片。
3. 教戰手冊就是一串簡易的操作順序（有時又稱標準作業流程）。有了清楚記錄的教戰手冊，大小事都能交託他人，簡單任務也好，全部門的職務也罷，並用這種方法培訓新員工，確保他們依照你的做法完成工作。
4. 你不需要自己動手製作教戰手冊，交由他人製作反而好處多多。製作教戰手冊的第一步，就是使用攝影機法記錄某項工作過程，然後把影片全數上傳空白的谷歌文件（或其他線上文件編輯器）。接下來，當你需要把責任轉交他人時，你只需要求**對方**觀看所有影片，並且製作教戰手冊，最後你再回過頭檢查是否準確即可。
5. 每本教戰手冊完成時都該具備：攝影機法、程序、規律性、檢查清單。

思維練功場

本章要交給你的功課很簡單：想出一個你恨到牙癢癢的工作，並且製作一本教戰手冊：

A. 下一週，當你處理那個不喜歡的工作時，記得錄下完整過程，最好錄三次。接下來把影片上傳至標題為「〇〇〇教戰手冊」的全新檔案，這一步也可請助理代勞。

B. 請他人觀看影片，並製作教戰手冊。

C. 再次檢查教戰手冊，教戰手冊的完整度在檢查前至少應該高達八成（以上）。

現在，你再也不必自己做你討厭的工作了。

關於我的教戰手冊相關資源，包括案例在內，全收錄在BuyBackYourTime.com/Resources。

第八章

美好人生，從完美一週開始

主動出擊的人隨時都占上風，
率先掌握時間主控權，
就能將能量發揮得淋漓盡致。

人生中很多機會，都是來自你營造的磁場能量。

——肯．羅賓森（Ken Robinson）和盧．亞若尼卡（Lou Aronica）[1]

有時，我會和指導客戶玩個小遊戲，這是個包裝成簡單問題的小測試。我會刻意傳訊息給客戶，問他們下一個鐘頭有沒有空講話。

這個小把戲，讓我能夠從中探知他們是哪種類型：是依照當下情況**被動反應**、處理周遭需求，或是**主動出擊**，把他人的需求排進行事曆。

被動反應型：沒有確實規劃一天或一週的人會說：「當然沒問題，阿丹，我等下打給你。」在這種情況下，他們幾乎總是處於被動等待狀態。如果他們能把我硬塞進他們的行程裡，意味著他們也可能把一場播客節目訪談、客戶拜訪，或任何突發活動塞進行程。這不只代表他們沒有規劃自己的一天或一週，也表示他們實際上（我沒測試他們的時候）可能會將壓力施加在其他人身上。若有人告訴他們：「嘿，我們約見一下，你何時有空？」他們會瘋狂翻看行事曆，硬是找出兩、三個時段。由於沒有預先安排，也沒有事先說好怎麼碰面，所以他們會反過來問你：「我不知道，**你**何時有空？」最後演變成令人沮喪的行事曆鬥雞賽，彷彿兩人都在說：「我不想選——你選吧。」

主動出擊型：當我要求下一個鐘頭約見面，這類型的人通常會說：「嗯，我週四下午兩點到三點有空，或是下週一下午一點至兩點。你哪個時間比較方便？」主動型的人已經排定行程，知道不同時段適合不同活動，這不只關乎他們的時間，也關乎他們的能量。他們非常清楚一天哪個時段最適合會面，何時健身運動，何時和家人相處。當他們禮貌性地向我提出幾個時段，我馬上就知道，他們已排定好一週，而他們會善用時間。

無計畫的隱形成本

你能想像一間大型商業機場管理飛機升降時，是採取放任的態度嗎？恐怕會造成大混亂吧——乘客別想準時抵達目的地，跑道大堵塞，趕上轉機更是不可能。

機場必須精準安排時間，每天才能運送大批旅客。意外難免會發生，但機場仍能依據事前安排的組織架構協調調度。

計畫雖然未必趕得上變化，但事情發生時，預先計畫還是有助於協調。正因為已有規畫，機場才能達到這麼高的效率。二〇一九年有將近八〇%的班機準時抵達，每班航空公司商業客機載客量多達兩百人，更別說還有各種無法預期控制的因素，例如天候不佳、機械故障。多虧了事先規畫，即便有這麼多變數，機場還是能保證八成的班機會在表定時間的十五分鐘內抵達目的地。

規畫所帶來的高效率，絕對不是憑被動反應辦得到的。我常在說的「緩衝時間」，也就是工作之間的空檔，讓被動反應型的人每天浪費不少能量與時間。要是隨心所欲安排全天行程，一整天的時間安排可能變成這樣：

上午八點十五分～八點四十五分：和下屬莎拉進行輔導會議

十五分鐘的間隔

上午九點～九點半：和潛在大客戶見面

三十分鐘的間隔

上午十點～十一點：和行銷長規畫下一季的廣告宣傳

三十分鐘的間隔

上午十一點半～下午十二點四十五分：與其他員工進行輔導會議

十五分鐘的間隔

下午一點～一點半：和新客戶進行入門教學

看到那些間隔了嗎？有整整九十分鐘什麼都沒做，有誰能用十五到三十分鐘的間隔高效完成工作？

都還沒下午一點半，就已經白白流失九十分鐘，但這對你個人的耗損更嚴重——你是能帶來高效產能的創辦人，要是無所事事的時間太多，內心可能會感到一絲罪惡感，讓你一整天沉重不安。

再想想你流失的能量。和員工進行輔導會議時，你必須處於某種精神狀態，必須展現同理心、輕聲細語，以領導人的姿態帶領員工，也許需要使用某些工具，例如筆記型電腦，而且可能需要特定的環境，譬如辦公空間。但另一方面，業務拜訪需要的卻是截然不同的心境，你可能得展現「活力」，或呈交某些數據資料或報告。在這兩種狀態下隨機切換，可能導致不協調，無法順利「進入狀態」。

每次切換任務時，你的大腦就得轉換聚焦，有人稱之為「情境轉換」。根據一份Qatalog和康乃爾大學的聯合研究，員工每次轉換軟體程式，都需要十分鐘的時間，才能回到高效能狀態。在另一份研究中，研究員則發現，員工在無須切換工具的情況下，**自覺**工作效率較高。

情境轉換需要花幾分鐘時間，換回來又得耗幾分鐘，所以代價完全躲不掉。再說，一整天下來如果太常切換情境，你就永遠無法進入深層思考狀態，無法集中思緒，各種想法在腦中亂竄。關於「進入」狀態需要多久，理論各不相同，有人認為是十五分鐘，有人則說是將近三十分鐘，但無論長短，切換任務確實會打亂狀態。

緩衝時間和情境切換都會浪費企業家很多時間，但還有一種，我稱之為**大失血時間**。

每次我讓會議超時，或本來預計和朋友午餐一小時，最後卻聊了九十分鐘，這就叫大失血時間。

這邊拖了幾分鐘，那邊又浪費幾分鐘，還來不及反應，我一天下來已經損失一、兩個鐘頭。

另一種做法，就是奪回你的時間掌控權，就像我朋友馬歇那樣。

你的一週，完美掌控

馬歇是個連續創業狂人，也是不計代價瘋狂拚搏的實幹型人類。從二十歲出頭開始，他就是充滿幹勁又拚命的企業家。他的努力有了回報，公司蓬勃發展，而馬歇有個很棒的未婚妻，自己同時還是一名混合健身教練。他努力在事業發展、人際關係經營、混合健身教練的角色之間取得平衡，卻漸漸撐不住了。

不過馬歇是典型的A型人格創辦人，他想要人生方方面面都亮眼奪目。他的解決方法很簡單：打造出一個模板化的每週計畫，讓他能夠有效率地度過一天的每分每秒。這樣的「完美一週」，讓他可以按照有利於自己能量與時間的順序，在任務之間進行切換。

一般情況下，完美一週能達成下列幾件事：

刪除緩衝時間：在不同任務之間，不會再有空檔。你可以運用完美一週，把會議排好排滿，而不必在會議之間插入三十分鐘的間隔。

能量爆表：當你為自己的一週打造出流暢高效的行事曆，就會注意到一天下來，個人的能量是如何起伏變化，不同時段適合執行哪些任務。很多企業家發現自己屬於晨間型，有的人則正好相反。當你掌控自己的行事曆，開始依照個人能量安排工作，就更能輕鬆「進入狀態」。

消滅大失血時間：規劃未來一週時，務必確認不會有大失血時間，也沒有「哎呀，我們面試超時了」的狀況。其實大失血時間是不允許的，因為要是行程滿檔，又沒有緩衝時間，超時就會拖到下一場安排好的活動。

能讓你擠出NET時間：這個真的要感謝潛能開發專家東尼．羅賓斯（Tony Robbins）！羅賓斯相信NET（No Extra Time），也就是不浪費時間、同步進行幾件事，例如「善用通勤、跑腿、運動或打掃房子的時間，來滋潤心靈。」[2]可以一邊通勤或吸地板，一邊聽播客節目，也可以在搭飛機時閱讀，這種時刻能為你帶來個人和事業成長，而且不必另外找時間進行。規劃一週時，你通常會發現一些可以塞進NET時間的空檔。

打造完美一週還有個好處，這就要請我的好友戴爾．博蒙特（Dale Beaumont）現身說法了……

批次處理任務的祕訣

戴爾是澳洲首屈一指的企業家，也是發明暖身預備年的關鍵人物，我們第十四章會再講到暖身預備年。他是批次處理任務的高手，擅長將同性質工作緊密安排在一起（Zoom會議、會面、播客節目訪談，一場接一場緊湊排列）。

戴爾熱愛將活動分成同一批處理，為什麼？在此引述他的話：「一心多用不管用。」為了證明這個論點，我邀請他參加我在波士頓舉行的密集課程演講。他上台後，先是請在場每個人（數十名高成就企業家）寫出以下簡短句子：

一心多用不管用。

然後計時，大家共花了七秒左右寫完。接著他要所有人寫下兩句話：

一心多用不管用。

現在我真的懂了。

不過這次，戴爾稍微改變了規則：

他在講台上指示：「寫下第一句話的**第一個字**，接著寫下**第二句話**的**第一個字**。然後寫下第一句話的第二個字，再來是第二句話的第二個字。以此類推，交替寫下每個字。」

他又開始計時，室內瞬間一片忙亂，大家不斷交替寫下一、**現**，然後是**心**、**在**等字。

九十秒過去，只有一半的人完成，但戴爾終止了大家的痛苦，請他們放下筆，並解釋這個練習的核心意義。他說，要是寫完一句話需要七秒，兩句話大約就需要十四秒，但是**交替輪流**寫下，就算完成了，也得耗費**六倍以上**的時間。

這就是為何戴爾對於「類似的工作應該批次處理」深信不疑，因為這樣才能進入最佳工作狀態。簡單來說，當你批次處理性質相似的任務，就能善用執行某任務的正確狀態，以實際層面來看，你就是身處正確地點，擁有必備的正確軟體程式和工具。

以下是主動出擊型的企業家，利用批次處理法安排的一週行程：

他們會把**所有**業務拜訪安排在某幾天、某幾個時段，而且緊湊排列。同樣的手法也可用於職員輔導會議、員工會議、內容創作等，他們身處對的環境（辦公空間、安靜室內、咖啡廳），輕易掌握所有正確工具（iPad、筆記型電腦），而且不用毫無效率地隨機切換工具和地點。

在情況允許時，我會把批次處理任務提升到另一個境界：不只是每日或每週，而是把需要進行的某項相關任務，**全集中在**每個月的某一天。例如近期，我挑了一天進行十四場播客節目訪談，而我只需要提前幾分鐘做好準備，進入幽靜的空間、備好需要的器材，然後一場接著一場輪番上陣。當你安排批次處理性質類似的任務，就能輕易進入狀態，腦袋專注在類似的資訊，生產效率因而提高，完成速度也會跟著加快。

你可以試試以下幾種方法：

- 下次需要批准某個廣告宣傳活動時，要求員工把下一季的**所有**宣傳文案，全數寄給你。
- 如果你需要每週進行業務拜訪，可以一口氣執行，例如安排每週三或四下午。
- 如果你每週都要更新部落格文章，何不每月抽出某個下午，一口氣寫完四、五篇文章？[1]

更棒的是，如果有你討厭卻不得不做的工作（可能是取代象限的任務），你可以全部安排在某幾天，這樣其他時候就不必去碰。我知道有些企業家很討厭處理財務，於是將財務相關工作集中成一批、只限某天處理，省下一週或一個月其他時候的時間和能量，買回自己的時間，做個人最愛的高產值活動。

謹慎地說「好」，尊重地說「不」

我有個朋友，暫且叫她瑞秋吧。瑞秋在工作上是個拚命三郎，擁有一間精品零售店，身兼母職與人妻的她把健身放第一位。好幾個月來，她努力完成健康密集訓練「七五艱難挑戰」，這項挑戰嚴謹要求參與者控管飲食、每天進行兩次四十五分鐘的運動、讀十頁非文學類書籍、拍下進度照片、喝一加侖（近四公升）的水……日復一日，重複七十五天，要是哪天錯過，就得重頭來過。

瑞秋已經一肩扛下這麼多責任，若要執行七五艱難挑戰，就得規劃好行事曆，咬牙堅持到底。偏偏她的進展不太順遂，發現自己很容易分心，於是我向她提起完美一週，希望她明白：每次她不拒絕分心的情境，就等於將機會拒於門外。

你、我、瑞秋和所有人，一天都有二十四小時。問題是，如果不好好安排自己的時間，不填滿行事曆的空白，就很容易答應突如其來的會面、多相聚一個鐘頭，或接下臨時跑腿的行程。

規劃未來一週、安排個人時間時，你就會明白，為了可以答應某件偶發活動，哪些事你就得堅決拒絕到底。

相信我——必要時，我也會改變計畫。當我知道老婆今天不好過，或孩子需要爸爸陪伴（又或是

---

1 作者注：要是這些都在你的委派象限，當然可以考慮直接交由他人辦理。

圖表十　完美一週範例

	星期日	星期一	星期二	星期三	星期四	星期五	星期六
6am				專注靜心			
7am							
8am				健身房&喝咖啡			
9am			專注靜心			專注靜心	
10am					輔導電話		
11am			輔導會議			輔導會議	
12pm							
1pm							
2pm	個人／家庭時間						和朋友／家人相處
3pm		業務拜訪	客戶會議	客戶會議	彈性時間	專注靜心	
4pm							
5pm				下班			
6pm							
7pm			個人時間		約會夜	個人時間	
8pm							
9pm				放鬆時間			
10pm				睡覺			
11pm							

布蘭森打來邀我一起去滑雪……），我就可能臨時改變行事曆行程。這時要是已經事先安排好了時間，我就很清楚若計畫臨時更動，我犧牲掉的是什麼。

規劃安排你的一週，並不是說你不可以變更計畫，而是你會知道，要是事出突然（這種情況真的會發生），你需要改變的行程是什麼。

為生活撒上一點香料

講到完美一週時，有些具有創意靈魂的人就會開始擔心，生活會太按部就班，害怕這樣會扼殺他們的創意能量。告訴你一個小祕密：

> **要是你好好規劃，就會有時間為生活調味、找到樂趣、發揮更多創意。**

一旦確定了最重要的時程，你就有了引導原則，可以確保不錯過最重要的事，像是騎單車、和孩子相處、約會夜等。訣竅就是：把**所有事**全列入完美一週行事曆。

再說，如果一天還有餘裕，你就能輕易答應突如其來的活動而不會感到愧疚，因為你知道，你已顧全所有重要工作。

調整一天安排，拿出最佳表現

在某次客戶指導課程中，身為共同創辦人的客戶查克里亞，提出了一個小問題：他想知道如何支配個人時間。他是公司技術層面的共同創辦人，得同時負責商業發展和技術開發，並在這兩項事務中適當分配時間和能量，可是他很擔憂，不知道何時該做哪件事。他問：「我要怎麼分配商業發展和寫程式的時間？」

「你什麼時候寫程式表現最好，就安排在那個時間寫。」我回答。

好吧，這聽起來像是沒回答，但給我機會解碼這句話的意思。

批次處理工作可以幫你省時，所以當你預先規劃好一週，就可以依據自己執行某任務最有效率的時段，安排該任務。

我在第四章教你完成了時間與能量審核，進行審核時，你會發現自己一天下來的模式。以此作為引導原則，然後依照個人能量，規劃模板化的一週（等等會示範）。例如：

- 要是你**每天**都能有幾個專做創意活動的時段，會怎麼樣？
- 要是你每週只安排特定幾天業務拜訪，而你還能為業務拜訪做好心理準備，會是如何？
- 光是批次處理同性質的工作，你能買回多少能量和時間？[2]

孩子出生前，我都是在深夜執行創意工作，這個時間是我自己決定的。我老婆生下兩個人類鬧鐘（兩個愛玩又瘋癲的兒子）後，我不得不調整時程。現在，我會在上午預定幾小時做大部分的創意工作，然後利用午餐時間運動，有助於我的能量重新開機、調整聚焦。下午時段多半是面對面談話、Zoom視訊會議和一對一面談的時間，為了達到最高生產效能，我也把同性質的工作安排在一起。

由於我已經規劃好一週，所以不會在創意工作的時段回覆電子郵件，也不會在一對一面談時思考播客節目專訪的內容，而是根據預先安排的時段，把其他人的要求排進分配好的時程表。[3]這樣一來，不僅我的時間能發揮最高價值，別人的時間也是。我工作時更能發揮創意，會議上全神貫注，手邊也已經備齊必要的科技工具。另外，由於沒有留下分散的三十分鐘空檔，我整天能完成的事不少，最後還提早回家，並為自己的效率滿意不已。

2 作者注：我們在第十四章會深入談到任務的同批處理策略。
3 作者注：事實上，這都是我的行政助理代勞的！

牙醫、律師、教授都有明確的辦公時刻，不只是為了提高效率，也是為了進入狀態。如果處於對的狀況，大腦就更能思考病程預測、想出更好的抗辯，或是給予學生更清楚的解說。他們主動規劃一天，也因此才能拿出**最優**表現。

精心策劃你的完美一週

以下是幾個打造完美一週的小撇步：

要有反覆改善的意願。預先規劃一週行事曆是必備，但稱為完美一週其實不太恰當，畢竟我不期待你第一次就完美。首週進展很可能不太順利，但要是反覆去做，大概兩到三週就能看見明顯成效。我已練習多年，至今還是會反覆改善。目標不只是打造出完美的下一週，而是要持續買回少許時間和能量，持續進步。

確實執行完美一週。完美一週有個缺點，那就是任務中間不會有緩衝時間，你的一天會排得非常充實。要是搞砸了，就算只拖了一下，一整天都可能跟著全毀。如果你會議超時，或業務拜訪超出預定時間，就會面臨雪崩式效應。所以排好完美一週的行程後，務必確實執行。

不只是時間，更攸關能量。和省下的能量相比，省下的時間完全不值一提。運用完美一週策略後，商業指導師麥可．海亞特（Michael Hyatt）不再害怕開會。個性內向的他，每次與人面對面，能量都會很快消耗殆盡，導致他無法專心執行其他重要工作。不過，身為湯瑪斯尼爾森公司（Thomas Nelson）的執行長，開會也是海亞特的重要工作。後來他安排每週行程時，會特別把會議集中在某幾天，並通知助理只有這幾天能安排會議，其他天他則要保持思緒清晰，發揮創意。

重要的工作優先處理。柯維說：「關鍵不在於優先處理你的行程，而是把優先事項列入行程。」規劃設計一週行事曆時，最重要的事項要擺在優先位置。我指的是所有重要活動，公私皆然：運動、會議、和伴侶相處的時光、重要專案，全部列上去。如果你製作一週行事曆模板時，沒有加入重要的人、日期、事件，可能就只會單純完成行事曆的工作，而沒有其他亮點。當你把所有元素都放上去，就能享受到完美一週的益處，也能輕易看出自己都把時間花在哪裡——委派、取代、投資，還是生產象限。這類似於提前完成的時間與能量審核。

接著加入其他「所有」要素。加入所有需要執行的任務，不限於公事相關，譬如我的完美一週就無所不包：午餐休息時間、訪談、專注工作、約會夜。到頭來，我的一天行程滿檔。

同類工作分批處理。某些任務需要某種心理狀態，而每次切換任務，時間銜接上就會產生裂縫。你可以批次處理性質相似的任務，不但有助於保持專注，也不必改變地點或環境。（記住，要是你想要挑出你害怕卻不得不做、暫且無法交付出去的工作，批次處理法更是好用。）

*

研究顯示，小公司老闆（和大家一樣）也會浪費時間，一般來說，他們每週約浪費二十二個鐘頭。[3] 他們親自去做大可交給他人執行的工作、掛在社群網站逃避現實、參加零效率的會議，浪費時間的例子數不清。運用完美一週，你就能移除工作之間的閒置空白。但我的終極目標不是幫你省下一天三十分鐘的時間，要你別再滑最愛的YouTube頻道，畢竟這不會害慘你。

真正會害慘你的，是效率低迷時，持續緊咬著你不放的沮喪感。

雖然規劃你的一週看似微不足道，卻能因此為自己想做、需要完成的工作騰出時間。長期下來，你就能一點一滴買回時間，重新用於生產象限。

☑買回核心重點

1. 你不是被動反應型，就是主動出擊型。被動反應型什麼時候都可以，主動出擊型會指定時段，依照個人時間處理他人要求。
2. 主動規劃一週，你就能完成更多工作，而且最重要的任務勢必會完成，畢竟早已**規劃在行事曆裡**了。
3. 切換任務時，你的能量也會跟著改變。播客節目訪談需要你發揮某種能量，審核財務報告則需要另一種能量。你可以在同一天安排同性質的任務，儘可能減少切換任務的機率，以節省個人時間和能量。
4. 規劃完美一週時，可根據個人的能量安排時間，以確保拿出最佳表現。
5. 把最重要的活動規劃進一週行事曆時，為了答應突如其來的活動，你得先知道哪些事必須拒絕。

思維練功場

現在，就是你規劃完美一週的時候了。如果你還沒完成時間與能量審核，我建議你回到第四章，等到你完成審核，再去BuyBackYourTime.com/Resources，找到完美一週製造器。記得要批次處理工作，強大發揮你的能量（而不只是省下你的時間）。

第九章

省時，也講究技巧

成功的路沒有捷徑，
但想要達到高效能，
這四招能助你事半功倍。

有件事我不得不坦白：

我討厭**偷吃步**這三個字。

我想提供的是實際有效的方法，而偷吃步常常不管用，而且往往虎頭蛇尾。

但我必須誠實地說，**還是有**幾招偷吃步能推動你和公司的改變，幫你奪回超乎想像的時間。以下四大工具絕對沒有誇大，分別是：

1. 五十美元的萬用解方
2. 解決重複事項的進度會議
3. 完成的定義
4. 一三一法則

第一招：五十美元的萬用解方

專業選手在球道上拋出保齡球時，通常能一口氣擊倒九或十支球瓶。可是我的八歲兒子拋出保齡球，卻會直接洗溝……除非我幫他架起防落坑圍欄。

有了防落坑圍欄，兒子的保齡球水準幾乎不輸專業選手。

這就是幾條思慮縝密的規則，能為你職員帶來的好處：菜鳥得以發揮解決問題的創意思維，卻不造成嚴重損害。

就拿我其中一項規則來舉例：我團隊的某人擁有五百美元的配額，不用事先獲得我的同意，就能自行解決問題。至於幫我管理公司的執行長，每人的金額上限為五千美元。（但有條規則：得在下一場會議向我通報這筆金額的去向。）先前提過的編輯保羅也有類似的規則，雖然上限只有五十美元，但他的行政助理可以自行挪用這筆經費。

金額不是重點，原則才是重點。要是在你不插手的情況下，團隊其他人也解決得了問題，我們又何必執著於自己處理小問題？

無論是五十還是五千美元，撥給團隊人員一筆自由發揮的預算，他們就能在不麻煩你的情況下，有效解決問題。

第二招：解決重複事項的進度會議

還記得布蘭森跟助理漢娜的故事吧？

他和助理合作的關鍵，就在於每日的進度會議。他們每天早晨會一起早餐，討論漢娜需要布蘭森提出意見的事項，像是一小部分的會議、電子郵件、行事曆邀約等等。布蘭森在不到一個鐘頭之內，就能為漢娜指引方向，讓她知道怎麼處理艱難的偶發情境。長時間下來，隨著她漸漸學習模仿他的反應及決策，偶發狀況的清單也大幅減少。

這就是我對行政助理的期望：在不麻煩我的情況下，行政助理能成功複製我處理大多情境的反應。我希望掌握所有大小事，同時確定助理能依照我的意思做決策，重要專案也會按我的意思進行。除了這些，我**還**期望找回自己的時間。每天（或每週）和行政助理開進度會議，就是解鎖這份力量的終極鑰匙。

經年累月下來，我的行政助理學會了我做決定的方式和原因。隨著我們慢慢建立關係，由於她已經知道我的思考和行動模式，我也能交付她更多任務。

我有七個會議行程要點，能確保上述目標一一達成。我和行政助理每隔一天進行三十分鐘的進度會議時，都是走這個流程。慢慢地，她的決策、行動自主、對於我們關係的信賴，都越來越清晰一致。流程大致如下：

1. **交付工作：**我自己有一份待辦、行動、跟進事項的清單，我會在進度會議上更新這份清單，在會議一開始，把清單上的項目交給行政助理，由她接手處理。

2. **審查行事曆**：接著，我們會檢視我接下來兩週的行事曆，考慮要加入及移除哪些事項，然後討論哪些任務需要更多或更少時間。

3. **之前的會議**：我的行政助理握有自我們上次開會後，我參與的所有會議清單。她會在進度會議上檢視這些會議，我也會告訴她會議中決定的行動事項。

4. **我的行動事項**：這些都是必須由我完成的事。重點是，若有輔助文件、電子郵件或訊息，我的行政助理會在線上文件中，補充所有資訊和相關連結。

5. **工作案的回饋循環**：我的行政助理會提出我先前交給她的專案，向我更新進度、討論她遭遇的瓶頸，若已完成，則知會我成果。（你能想像不用再自己問：這件事是否完成了嗎？）

6. **電子郵件**：我的行政助理會集中所有需要我審核的電子郵件，像是全新商機、不確定如何回覆的信件，或者需要我親自回應的內容。

7. **阿丹的問與答時間**：如果我們在三十分鐘內完成上述事項，我的行政助理就會提問，藉此了解我的行事作風，找出更適合輔助我的方法：

「阿丹，你現在覺得怎樣？」

「你平常都是怎麼放鬆紓壓？」

「是否有反覆出現的問題，讓你夜不成眠？」

我的行政助理會漸漸熟悉我做決定的方式與原因。「電子郵件」和「阿丹的問與答時間」中的事項減少，「回饋循環」則是與日俱增。

所有資訊都收在我行政助理保存的線上文件中。每場進度會議後，她會持續更新線上文件，包括所有必要連結，每次依循相同的框架與我開進度會議，這樣一來，就不會遺漏任何事項。進度會議模板建立多年後，她最近告訴我：「所有可能發生的事項，都能在這個流程的某個步驟找到。」

這個模板也讓新助理更快上軌道。創作這本書時，我主要的助理換環境，來了一個新助理。新助理要管理好幾間公司、無數員工、會議滿檔的行事曆，通常大致需要數週才能跟上節奏，接手我準備託付她的責任。但套用這個模板兩週後，她向我表示，一切已盡在掌握中。

第三招：完成的定義

很多企業家以為「沒人能把事情做得好」，但有個偷吃步能解決這個問題，那就是：完成的定義（簡稱為DOD）。[1]

我對公司各階級的每位員工都會套用DOD。

舉個例子，若要行政助理買白板，我就會給出以下DOD：

白板要掛在我的辦公室牆面，四種顏色的白板筆都要備齊（紅、綠、藍、黑），還要準備一個板擦，這樣就完成了。

類似這種簡單狀況，你只需給出簡易快速的定義。但遇到更複雜的情況，例如要員工準備好財務報告，完成的定義就必須包含這三點：

事實：有哪些非實現不可的鋼鐵標準？關於你的業務，哪些品質必須改善？

感受：這項任務完成時，你和其他人要有哪些感受？

功能：這項任務完成時，能如何幫到他人？

就拿財務報告來說，如果我移交這份工作給團隊某人，我的DOD說明可能如下：

一月一日提交。這是**事實**。

1 作者注：Definition of Done，如果你正好從事軟體開發，可能會注意到，這點子是借用自SCRUM的專案管理法。

我有自信資訊會正確無誤。這是**感受**。

閱讀報告的每個人都能輕易找到他們需要的數據資料。這是**功能**。

你發現這多有用了嗎？

當然，聽到上述的DOD，員工可能會問：「有誰需要讀取這份報告？他們需要哪些數據資料？」這又是一個運用DOD的大好理由：DOD能確保**你已經**傳達所有必備資訊，讓可能導致延遲的情況早日浮出檯面，而你能讓發展順暢無礙。

所以下次請員工做某件事時，別忘了給予他們清楚的DOD。他們會很開心能了解你的要求，而你的要求也會一一實現。

還有一個附加好處。當你奠定給予指示方針的文化基礎後，就能告訴員工，他們可以向**你**索求DOD。這樣一來，如果你偶爾丟出指令，卻忘了給予清晰方向，團隊就會打斷你，主動提問：「這一次的DOD是什麼？」

第四招：一三一法則

下一招稱為一三一法則。我要感謝我的朋友，連續創業狂布萊德·佩德森（Brad Pedersen），同時也是Pela公司的共同創辦人，這間永續發展消費品公司專門製造「不會每天變成垃圾的日用品」。[1]在創業過程中，布萊德非常厭倦他遇到的「委派上級」——大家都帶著問題來找身為執行長的他，請他處理，而這些問題榨乾他的時間與能量。他只想專注處理高階問題，偏偏小事不斷上門。

為了解救自己，把腦容量留給最重要的事，布萊德發明了一三一法則：

在請求布萊德幫忙之前，員工得先縮小範圍，口頭定義出一個問題（而不是帶著幾十個不相關的問題來找他）。接下來，他們得思考並提出三條能克服問題的實際途徑，最後再從三個選擇中，為布萊德選出一個建議。

一：定義一**個**需要解決的問題。

三：提出三**種**可行的解決方法。

一：從可能解決問題的方法中，挑出一**種**建議。

布萊德的做法，是培訓下屬進行創意思考，並給予他們自行做決定的空間。他用最簡單的方式，傳授企業家最強的優勢之一，那就是：解決問題的能力。

拋開自我中心

以上大部分的偷吃步，多半都能幫你省下時間，但若你真心想重獲自由與時間，有件事就不得不割捨，那就是：你的自我中心。就許多情況來說，這些偷吃步能減少你親上火線解決問題的機會。如果你運用五十美元萬用解方，不用親自插手，別人就能幫你解決問題。如果你要求下屬應用一三一法則，他們就得自行想出解決方法（即使你內心已有答案）。

當個擁有一切正解的女超人（或超人）真的令人上癮，這種感覺太美好，但你每親自解決一道問題，就等於奪走別人學習的機會，讓他們更加依賴你，一有事就請你幫他們解決。這種感覺是很好沒錯，但隨著時間過去，就只有你一個人擁有知識和專業，還因此不小心製造出委派上級的無盡循環。一開始你可能還挺得住，但繼續這樣下去，總有一天，公司上下都會把問題丟回去給你。相信我，你絕對不會想活在這種惡夢中。

> 說到底，你絕對不是**最擅長**解決問題的那位。
> 記住，某件事對你來說只是工作，對別人卻樂趣無窮。

- 你的行銷長來找你，請你解決廣告宣傳的問題。但等等，他不是應該比你還熟社群網站嗎？

- 你的行政助理來找你，詢問你公司要用哪種軟體。但等等，他不是應該比你清楚哪個軟體比較好嗎？
- 你的文案來找你，問你一個文案相關的問題。但等等，他不是更擅長發想、決定創意文案嗎？

就某幾項任務來說，你可能堪稱高手，也可能才氣縱橫、精通很多技能，但你不可能樣樣都是最強。當你放下強烈的自我中心，就能看見四個變化：

賦權：其他人會開始找尋答案。更重要的是，他們會開始信任自己找得到答案。

探索：當你要求大家都帶著可能的解決方法來找你，創意思維就如同野火般蔓延。

風險分擔：讓其他人提出建議，就等於他們也參與了決策。所以如果他們的建議失靈，不該只有你承擔，他們也有責任。

高效能：當你對下屬利用這些偷吃步，他們也會把這招用在自己的下屬身上，這樣一來人人生產效能都會變高。

如果你想活在生產象限中，就得交出自我中心的韁繩。關於這點，絕對沒有偷吃步。

☑買回核心重點

我不喜歡**偷吃步**這三個字，但有幾招偷吃步，確實能幫你節省許多時間與能量。

1. **五十美元萬用解方**：指派某團隊成員一筆可自行運用的經費。就算你不在場，他們也能解決問題。
2. **解決重複事項的進度會議**：想要和行政助理解鎖規模、成功升等，最後一招偷吃步就是定期舉行進度會議。請見第二招中的會議流程，發揮時間的最高效益。
3. **完成的定義（或稱DOD）**：每次移交任務或責任給他人時，可以給員工DOD，好讓彼此對「完成」的真實意涵達成共識。DOD通常包括**事實**、**感受**、**功能**。
4. 一三一**法則**：（多謝佩德森！）為了避免公司出現太多委派上級的狀況，你可以要求每位帶著問題上門求助的員工：定義一個問題、提出三種解決方案，然後給出一個建議。
5. 開始應用以上的時間偷吃步時，必須割捨一樣東西，那就是你的自我中心。整體而言，當你把責任交託他人，就等於告訴對方「你可以處理好的」，而你自己則要卸下公司全能救世主的身分。

思維練功場

本章的功課，就是在本週選一種偷吃步進行：

- 如果你有助理（你應該要有的！），請運用模板化的行事曆，與助理定期開進度會議。
- 給予每位下屬一筆可以自由發揮的預算，讓他們自行解決問題，不囉唆不過問（五十美元萬用解方）。
- 下次把任務交託他人時，請給他們一個ＤＯＤ（記得不要漏掉事實、感受、功能！）
- 下次有人帶著問題上前找你時，客氣地請對方先套用一三一法則，再回來找你。

第十章

雇人之前，標準優先

雇用人才如同投資生意，
在撒網捕魚之前，
先搞清楚你想撈到什麼魚。

幾年前，我在紐約市吃到一碗美味濃郁的全素冰淇淋。我可以告訴你冰淇淋的風味、低卡路里或對健康的益處，但故事真正的重點，是當時和我一起吃冰淇淋的**對象**：賽斯．高汀（Seth Godin）。高汀是創作《紐約時報》暢銷書《紫牛》（*Purple Cow*）和《低谷》（*The Dip*）的行銷天才。當你有機會向這種聰明人討教，他說的話你會謹記在心。

我和他分享了幾個我在創立明晰時審查潛在員工的點子。我告訴他，早在經營明晰前，我就在運用一種非常簡單的雇人策略：確認對方是活人、勘查技能、商量薪資。

和高汀交談前，我不斷認真思索自己的雇人策略。這天，他給了我超強的忠告（當然），但什麼都比不上他說的這句話：「說到雇人，我有個簡單的規則。除非我和你合作過，否則我不會和你合作。」

賽斯．高汀的概念很簡單：要是不知道一名員工能否長期合作，又何必投資幾千美元在他身上。試想其他人生時刻，考慮某項重大投資時，你都是怎麼做的：

- 買屋前，我們會先看屋，檢查屋況。
- 結婚前，我們會先約會。
- 買車前，我們會先試駕。

雇用不長久的員工，培訓和薪資動輒損失數十萬美元。如果一名毫無貢獻的員工待了三個月，你卻已經為了讓他們盡快進入狀況，投注了薪水和資源，但和不稱職員工可能造成的傷害相比，這些還不算什麼。如果你雇錯人，他們可能連帶將公司的優秀員工一併拖下水。

A級玩家只和其他A級玩家強強聯手。

不過，對**客戶**造成的影響，或許會招致**更龐大**的損失，這是我本人的慘痛教訓。還在經營球體科技時，我曾爭取到一件寶僑家品（P&G）的夢幻工作案。和寶僑這種別具聲望的客戶合作，不只能提升我和公司的市場影響力，工作案本身也很優秀。寶僑需要幾個尚未開發的全新科技，除了支付我們研發科技的費用，也完全給予我們重新包裝和銷售的智慧財產權，簡直像一場美夢。

當時我才二十歲出頭，覺得自己需要重量級人物來監督科技層面的發展，於是找來了切斯——一名比我多了幾年資歷的資深軟體工程師。我幾乎是跳過了人選審查，就直接把專案交給他。四個月後，我接到寶僑的電話：

「阿丹，這傢伙讓你丟臉，也害你的公司丟大臉了。他完全沒有跟進，還到處製造衝突，我們無法和他合作下去。」

掛掉電話後，我們這份工作沒了，智慧財產權沒了，客戶也沒了。切斯離職時，我還得支付一大筆薪資。

你可以像我一樣，從慘痛經驗中親身學到教訓，也可以按照我研發測試過的幾項基本原則去做。這幾條指導原則，讓我這些年來成功雇用（並保留下）幾百名員工，也買回更多時間：

1. 明確

企業家往往看得見別人的優點，況且你的腦袋**總是**在尋找最有創意的解決方法，這意味著，不管表象為何，企業家都能從中看見他們目前需要的解決方案。你的大腦被訓練成馬蓋先的靈活，手邊任何工具都能修補眼前的問題：別人看見鐵皮，你看見藝術；別人看見編碼，你看見軟體；別人看見密密麻麻的文字，你看見一本書。

但在面試潛在員工時，馬蓋先的技能卻可能會扯你後腿。

如果你目前需要一個世界級銷售業務，你知道會發生什麼事嗎？下一個面談對象，看起來就會是個世界級銷售業務。（即使他們可能告訴你，他們想當行銷長，但你卻完全沒在聽，只看見他們履歷上那欄「銷售經驗」。）

所以第一點，就是先讓自己和團隊**明確**，你需要雇用什麼人。取代梯在這裡也許派得上用場：專攻職務所有權欄位的任務。即便雇用的是取代梯之外的職務角色，你也應該清楚你想要雇用什麼人。

只要知道自己要找的是什麼，你就能保持專注，即使對方擁有其他優秀特質，你也會知道這不代表他適合執行你手上的任務。

這招很簡單，卻大有助益。

2. 撒出大網

大型高中運動隊伍高手雲集，絕對有其道理，這也是奧運精彩的主因：篩選過濾的規模越大，你就越能找到自己尋尋覓覓的東西。想釣到一隻好魚，就得先撒出一面大網。

想把求職者一網打盡，或許會沉甸甸而難以打撈，但我能提供幾條捷徑。接下來，我會列出幾個可以「撒網」的地點。如果你請得起兼職召募人員，就可以請人幫忙處理下列某些步驟，再不然就得預留時間進行以下流程。相信我，這是投資時間絕對值得的好例子。

現有團隊：目前的團隊應該是你的首選。請公司最強的員工登入社群媒體，找找他們可能考慮的合作對象。如我所言，A級團隊只會想和其他強者聯手。利用這股動機，深入他們的人脈網絡。

人力銀行：有人會說優秀員工都沒在找工作，個人經驗告訴我這並不屬實，我就曾找到默默等待好機會上門的優質新員工。你可以利用網路，同時在幾十個線上人力銀行刊登徵人廣告。

可敬的公司：有時，優秀的求職者還在其他公司任職。找出你敬佩的公司，也就是擁有優質培訓課程和良好召募手法的公司，然後詢問他們的員工：「你最欣賞的產品經理是哪位？」「誰是最強的業務銷售經理？」或是「你合作過最強的內容文案撰寫員是誰？」然後記下名單，主動聯絡。

「冒昧聯絡」可能會讓你覺得不自在，但相信我，沒人不喜歡被需要、渴望、挖角的感覺。多多利用這種心理，搭配一兩句美言，就能和可能成為你潛在員工的人建立關係。

慢慢來，一開始先尋求他們專業領域的忠告，就能以雇用他們為基礎來建立關係，你也有機會認識對方、了解他們的想法。就算只是請對方針對個人的工作專業領域給予忠告，這也是聯絡某人很合理的理由。我會簡單提出我需要的「忠告」，與目前已有工作的人增進關係：

嘿，珍妮佛，我是軟體即服務學院的丹。妳的團隊說妳是最厲害的銷售經理，請問我能否占用五分鐘，冒昧請教妳一個問題？要是妳的話，會怎麼建立我的銷售團隊……

3. 給他們發光發熱的機會

不少企業家把時間浪費在平庸的員工上，但其實透過初步的簡單過濾，就能避開這種求職者。訣竅就在於撒出一面大網時，確保網子的孔洞夠大，大到能讓不適任的魚輕易就溜出網子。

我有一個輕鬆避開不適任員工的簡單訣竅，而且那些人其實連完成都懶，所以可說是雙贏：一來我不浪費他們的時間，二來他們也不浪費我的時間。

我的做法是請每位求職者上傳一支（不超過）三分鐘的影片，錄下自己回答五道簡單問題：

1. 你為何對這份職缺有興趣？
2. 你對我們公司了解多少？
3. 你理想的工作環境是什麼樣子？
4. 你的優勢有哪些？
5. 你覺得自己五年後會在哪裡？

上傳影片是重點，這能確定求職者具備基本的科技技能，算是一種隱藏版小測試。我也不管他們**怎麼**回答上述問題，我有興趣的是了解他們的想法。面對開放式問題，他們做得出決定嗎？我重視的是懂得獨立思考、能自信決定、想出創意答案的求職者。

4. 運用檔案評估

坊間有很多性格相關科學，解釋性格如何影響一個人的工作及合作方式。有些人偏好獨立作業，有些人很會配合協調，有的人擅長執行完成專案，有的人則是初步發想的人才。

了解求職者的性格，理解他們如何發揮實力、與他人合作，就是他們能否在你公司表現出色的關鍵指標。重點是，我**不相信**性格測驗是員工表現的唯一指標，而是當作一種資料節點，納入綜合考量。

有時你希望新人具備其他團隊員工的特質，有時可能想要雇用特質**相反**的人（如果你的團隊全是內向人，說不定會想雇一個外向人）。也就是說，確定雇用之前，我會請每位最強求職者接受性格檔案評量，但我不會把這當作個人表現的唯一指標，而是複雜獨立個體的一小部分。

開始找新員工之前，我會建議你先對目前的團隊進行全體檔案評量（假設你有團隊）。一般來說，最終結果通常會很驚人，你可能會發現最傑出的員工都具備某項特質（譬如面對高壓的能力），再不然就是發現，你合作無間的員工具備的優勢，正好是你最不擅長的項目（或許他們很能貫徹執行到底，而你三分鐘熱度）。

然後，在雇用某人之前進行測驗。等你縮小範圍至大約三名求職者，就能付費請他們進行人格檔案測驗，大多數人都喜歡多了解自我，所以你可以把最終結果寄給求職者，讓他們留存檔案。

身為 SuccessFinder 軟體公司的顧問，我認為他們的方法格外有效（話是這樣說，但我可能很難公正啦）。另外幾個流行的人格測驗包括Kolbe-A、DISC行為模式測驗、十六型人格測驗（Myers-Briggs）。

你可以試試幾種測驗，看哪個能提供你最具啟發性的情報。以下有幾個訣竅：

A. 雇用助理時，考量雇用一個與你缺點互補的人。如果你的人格測驗顯示，你是一個虎頭蛇尾的人，最好別雇用和你有同樣缺點的助理。

B. 不要把測驗當作信仰。你可以在雇人時使用人格測驗，但每個人都是令你意想不到的獨特個體，人格測試是能透露不少情報，卻不代表全部。

C. 請你的全體團隊接受測驗。做完測驗後再來比較結果，最後的發現或許很不可思議！在軟體即服務學院時，我發現大部分團隊成員特別擅長某幾項任務，不過有幾個人與眾不同，具有相反優勢，而這種多元化似乎讓團隊達到互補。

5.「測試優先」雇人術

本章一開始，我提到高汀的簡單規則：「除非我和你合作過，否則我不會和你合作。」上次和他交談之後，我整理出他的忠告。現在我會請每位求職者進行實測，並將之取名為「測試優先」雇人術。如果其他都忘光了，至少要記得這一點。

我根據不同職務角色改良測試，不過實測元素大同小異：

A. 我會給他們一項模擬**實際合作情境**的工作案。

B. 我一定會付費給他們。

C. 我不給予太多指引方向。

我的目標，單純是預測合作狀況。我們能合作無間嗎？會喜歡彼此嗎？他們能幫我省下時間嗎？他們會喜歡自己的工作嗎？他們理解這個職務角色的要求嗎？

如果我要雇用平面設計師，就請他們設計。如果是撰寫員，就出模擬題，請他們寫一篇文章。聘雇高階行政主管或部門主管時，我偶爾會必須營造假設性情境。若是要雇用行銷長，我可能會提出一個公司行銷廣告上曾碰過的真實問題，問他們該怎麼提高點擊率。如果要找的是銷售長，我就會以匿名方式提出先前的真實情境，問他們會如何指導其中一位銷售團隊成員。

以下是我給助理的實測題：「我要送禮給Proposify公司的凱爾，幫我找一份設想周到的禮物。」

請注意：我沒有給出太多指引，我想了解未來潛在助理會怎麼應用資源，如何獨立作業。我讓他們發揮個人創意，同時評估這位求職者能否自行釐清問題，**幫我節省時間**，還是會使出拖延戰術，不自行決定，**害我損失時間**。他們是否「完成任務」，我反而沒那麼在意。如果他們在這過程中寄了十四封電郵，不停拿問題轟炸我，那我們就不適合。如果他們研究了一下凱爾，然後寄給他一份得體貼心的禮物，我就知道這位求職者手腕、創意與同理心兼具，而這些都是加入我團隊的必備條件。

6. 推銷未來

大多數的求職者會在上傳影片的關卡打退堂鼓，可能會有三到五個人完全遵照指示，等到他們完成測試，通常會有一人表現格外突出。

面試過程初期，求職者會大力推銷自我，而我一旦知道自己要雇誰，也會向**他們**大力推銷自我。等到我（測試之後）知道要雇用誰，就會切換思維。

和大部分的優秀銷售員一樣，你不是單純推銷自己有的東西，而是把自己有的東西，與買家想要的特質劃上等號。譬如鹽巴的用途很廣泛：可以保存食物、增加食物風味，甚至當作化學原料。同理，你的公司也能提供不少好料：升職機會、薪資、交友、社群、個人成長、專業發展、人脈拓展、建立履歷、職業生涯。如果你要推銷未來，就必須知道最強求職者**想要**什麼，確保你能提供對方想要的東西。

蓋瑞．范納洽（Gary Vaynerchuk）——你知道吧，就是**那個**網路大神，四度榮登《紐約時報》暢銷書榜的作家、范納媒體（VaynerMedia）的領袖。蓋瑞是向求職者推銷未來的高手，他會先在面試階段認真聆聽對方，暗自摸清他們想要什麼，最後再提出滿足對方想望的條件。這不是一種比賽戰術，他深知，要是能提供頂尖人才追求的事物（無論是頭銜、聲望、機會、薪水，還是全新技能），員工就會願意為公司賣命、創造價值，而且不會跳槽。蓋瑞說，他**整場面試**都在努力挖出一個誠實的答案，了解員工想要什麼。「我不管你有什麼計畫，只想知道那個計畫是什麼，我們才能達成共識。」[1]一旦發現了員工想要的事物，無論是什麼，他都能滿足對方。

就我個人來說，我會刁鑽地引導求職者說出個人需求，通常是提出諸如此類的問題：「你希望**五年後**能到哪裡？」我能從這個問題得知，目前的公司是否能幫他們達成目標。如果他們追求的是某種身分頭銜，這個職缺是否有發展可能？如果他們追求的是某種薪資階級，要如何幫他們達成目標？如果他們懷抱其他理想夢想，例如在某個地方生活，或是和家人相處，這個職務是否能幫他們圓夢，還是會阻礙夢想？

一旦找到某個合拍的最強求職者，我就會開始推銷，用力推銷。

用對人，省時間

想要節省時間，就要雇對人，才能幫你買回時間。他們必須運用手邊資源，具有自行管理任務的能力，你的目標不是填補某個職缺，而是把手中的任務移交給另外一個人。

要是雇對人，你就能省下大把時間，收穫大於支出。雇錯人的話，你會折損時間與能量，頭痛欲裂又燒錢，慘痛程度超出想像。

清楚知道你想要的潛在員工應該具備的條件後，你就可以撒出一面大網，網羅一大批魚。經過層層過濾關卡，求職者會自行淘汰，到了最後一步，你只需要推銷，瘋狂推銷。頂尖人才能幫你逆轉事業，一旦你努力付出，並在洞窟中找到了發亮的鑽石，那麼只管開採就是了。

當然，你必須確定他們有能力可以勝任這個職位，這就是下一章的重點。

☑ 六大買回規則

本章中，我們要記得**六件事**。

1. **明確：**記住，一定要搞清楚你尋覓的求職者條件。
2. **撒出大網：**到頭來，雇人還是得打人海戰術。先網羅一大批符合初步資格的求職者，可以詢問現任員工、運用求職布告欄，或尋覓目前在其他公司就職的人。
3. **要求拍攝影片：**請所有求職者上傳一支三分鐘的影片，沒有詳閱指示的人，會在這一步自行淘汰出局。

4. **利用檔案評量：**請每位求職者（截至目前還沒淘汰的人）進行性格評量。
5. **「測試優先」雇人術：**除非已經合作過，否則不要和他合作。請最後幾個求職者執行某項任務實測。
6. **推銷未來：**等你的名單縮小至一個人選，就可以切換模式，開始**向對方**推銷這個職缺。

思維練功場

前述的某些做法需要時間，但你可以先運用下面兩招，迅速進入狀況：

A. 想要雇對人，首先要做的就是清楚知道你想雇用**什麼樣的人**、**為什麼**。有需要的話可以回到取代梯，確定自己目前的位置。接下來拿出紙筆，開始寫下這個人要負責的任務。記得，你的終極目標永遠是**節省你的時間**。

B. 等到你知道自己想移交新人的工作責任後，讓職員知道你正在徵人，問他們是否知道符合條件的合格人選。

現在，你已經踏出賽斯・高汀雇人術的第二步了（撒出大網）。

第十一章

根除問題的領導原則

聰明的領導人不給你魚，
也不教你怎麼釣魚，
而是告訴你怎樣的魚最美味。

別教人怎麼做，單純請他們去做，然後靜候他們的驚豔成果。

——喬治・巴頓（George Patton）將軍

二〇二一年，人事部長亞當為了某個問題來找我。

「下一季需要雇十一個人，我怎麼可能辦得到？！」

看得出亞當壓力山大，我再三確認他不是只想吐苦水。不，他是在向我要解決方案。於是我請亞當去找他部門的招聘經理：亞當本人。

我告訴他：「亞當，如果你需要協助，我可以取消會議、腦力激盪，不計一切幫你，但我雇用你的目的，就是請你做這些事。」他起身，硬擠出一抹笑容後，步出我的辦公室。

「我思考一下再回來。」

但就像第四章的米蘭達一樣，他沒再回來找我。兩個月後，團隊新增十一名傑出員工。

其他人的猴子

我對亞當做的事很簡單：把解決問題的職務所有權交還給亞當。

在肯・布蘭查（Ken Blanchard）的《一分鐘經理》（*The One Minute Manager Meets the Monkey*）中，他形容這類情境是「別人的猴子」。身為老闆的你，千萬不能隨意接管他人的猴子（也就是問題或工作案）。亞當（可能不是故意的）想要叫**他的**猴子爬上**我的**背，但我只是輕拍猴子的頭，請牠掉頭回家。

這就是變革型領導力的基礎：前提是，這並不屬於你的職務範圍，而是員工的。由於這是他們的職務內容，所以不該由你告訴他們怎麼做，而應該反過來，由他們向**你**解釋最好的解決方案。

交易型管理 vs. 變革型領導力

十個企業家中，就有九個深陷我所謂的交易型管理（Transactional Management）惡性循環：**教導**員工怎麼做，然後**驗收**他們的成果，再告訴他們**下一步**該做什麼。

以下是運用交易型管理的領導人日常：

——他們一到辦公室，就要檢查第一位員工的工作內容，確定他有按照指示去做。驗收完成果後，再告訴他們接下來要做什麼，如果遇到瓶頸，還得想辦法幫他們破關。

接著交易型領導人繼續見第二位下屬，一樣確定他們有按照指示做事，查看他們的工作內容，並教他們接下來怎麼做。

他會重複這個步驟，和每位下屬確認工作、指示教導。

所有經歷這個循環的領導人，最後都會撞上我所謂教導／驗收／下一步的天花板，直到再也應付不了。我在第一間經營有成的球體科技公司，重複了該循環兩年，最後也撞上天花板。

已經管理十二名下屬的我，無力再這麼繼續下去，偏偏為了維繫公司的成長與發展，即使我已無力多管一個人，我們卻還得再雇一名研發工程師。後來我讀了安德魯・葛洛夫（Andy Grove）的《葛洛夫給經理人的第一課》（*High Output Management*），從中學到一件事：若想突破教導

圖表十一　交易型管理 vs. 變革型領導力

交易型管理	變革型領導力
1 教導	1 成果
2 驗收	2 衡量
3 下一步	3 指導

／驗收／下一步的天花板，必須換一套管理法。吸收了葛洛夫和其他人的教導後，我改變信念，擬定了全新計畫。（葛洛夫稱此為高效能產出管理，我的版本則叫作變革型領導力〔Transformational Leadership〕。）

運用變革型領導力，以下列三種行動取代教導／驗收／下一步（見圖表十一）：

也許乍看之下只是改變用詞，但我向你保證，這種小改變絕對能幫你省下時間、避免龐大壓力。一旦**你**改變領導方式，底下的小主管也會改變。整體來說，你為全公司創造一種全新思維，讓每位員工為自己的職務負責到底。

教導 成果

> 雇用聰明人卻教他們做事並不合理；雇用聰明人的用意，就是請他們教我們怎麼做事。
>
> ——賈伯斯

有了變革型領導力，就不必手把手教人**怎麼**做，而是交代他們要完成**哪些事**。設定你想要看見的成果，然後把責任義務交給他們。

在第七和九章，我們有提到要指定想看見的成果，像是電子郵件和行事曆，或是客戶支援和入門教學。成果的定義可能很廣泛，也可能比較狹隘，像是簡單的「支付本週員工薪資」。

想像一下這個狀況：如果你不用教導銷售業務如何招攬下一位客戶，不用告訴行銷長如何進行下一場廣告宣傳，或者無須教客戶成功經理如何處理客訴，你會有什麼感覺？

運用變革型領導力給予指示時，你不用教員工確切的做法，告訴他們需要完成的事項就好。那該怎麼做？嗯，他們自己看著辦囉。

——「貝莎妮，張貼部落格文章前請幫忙檢查錯字」改成「貝莎妮，部落格貼文不能有錯誤」。

——「丹妮爾，所有員工都要上新版GDPR的課程」改成「丹妮爾，我們得跟上最新的GDPR版本」。

——「詹姆斯，你得多進行客戶拜訪」改成「詹姆斯，本季末前你的銷售額必須達到十萬美元」。

——「馬隆尼，調漲菜單價格」改成「馬隆尼，實體店面每平方英尺的售價要提高一〇%。」

字面上的改變也許微不足道，但請注意每一次改變說法時，你是怎麼默默交出責任的。如果使用之前的說法，領導人就必須獨攬達標的心理壓力，並且得自行決定最好的方法。

歷來的研究顯示，在必須持續做決定的情況下，不管是不是領導人，最後任誰都會「決策疲乏」。加州幾所大學的研究員檢視了財務分析師的決策，並以此預測一間公司的股票表現。結果該研究發現，白天的決策會比下午精準，再者，分析師往往會依照先前的決策，彌補自己的決策疲乏：

> 一天下來，隨著分析師發布的預測次數增加，預測準確度也會逐漸遞減。和決策疲乏的情況一樣，我們也發現，一名分析師發布的預測越多，就越可能拿先前出色的預測……重新發布。[1]

換句話說，我們一天內能做出的好決策有限，所以還是要為好決策預留空間，用在最能產出益處的工作（我們的生產象限）。

告訴貝莎妮、丹妮爾、詹姆斯、馬隆尼你所期待的成果後，他們內心就會覺得自己有責任，也有能力做出最佳決定。這種微妙的責任轉移很重要，原因有四：

1. 你的員工比你更貼近問題本身，也比你清楚掌握資訊情報。
2. 他們比你有解決問題的時間和能量，最終也更能發揮創意。

3. 轉交出責任後，就等於迫使他們磨練能力。
4. 落實自己的解決方案時，他們會更期待興奮，積極推動自己的決策，並確保確切完成。

推動員工發揮創意、自行設計解決方案，往往能提升效能、讓成果更佳。舉個例子，貝莎妮、丹妮爾、詹姆斯、馬隆尼可能會想出下列解決方法：

	交易型管理	成果	變革型領導力	成果
貝莎妮	「貝莎妮，張貼部落格文章前請幫忙檢查錯字。」	＊貝莎尼每週平均花十五個工時，修潤每篇部落格文章。	「貝莎妮，部落格貼文不能有錯誤。」	＊貝莎妮研究並發現一種便宜的AI程式，可以自動刪減九成人為錯誤，因而減少所需的工時。 ＊貝莎妮知道有位新進職員想做文字編輯，於是把最終修潤交給他。最後非但沒多占用工時，新進團隊員工也充滿鬥志。

丹妮爾	「丹妮爾，所有新員工都要上新版GDPR的課程。」	*丹妮爾讓所有員工去上GDPR課程，數千美元費用全由公司買單。	「丹妮爾，我們得跟上最新的GDPR版本。」	*丹妮爾進行一番研究後，決定只有她需要上GDPR證照課程。拿到證照後，她製作一份項目清單，列出十大重點事項，並和全公司的人分享。 *其他員工不用上無聊的證照課。
詹姆斯	「詹姆斯，你得多進行客戶拜訪。」	*詹姆斯去拜訪更多客戶。	「詹姆斯，本季末前你的銷售額必須達到十萬美元。」	*詹姆斯知道自己擅長客戶拜訪，但跟進和交叉銷售的力道不足，於是請教同事怎麼安排跟進拜訪，並且閱讀交叉銷售的相關書籍。 *詹姆斯增進個人的業務技能，現在走到哪都暢行無阻，就算離開你的公司也不用怕。 *詹姆斯突破他的銷售目標。
馬隆尼	「馬隆尼，調漲菜單價格。」	*馬隆尼把菜單價格調漲一〇%。	「馬隆尼，實體店面每平方英尺的售價要提高一〇%。」	*與其單純調漲菜單價格，馬隆尼決定提供更多季節限定商品。後來吸引了新客上門，老主顧也持續光顧，店收上漲逾一〇%。

一旦設定了預期成果，而不是單純教員工「怎麼做」，他們就會開始探討要如何達成成果，而不是只看任務本身，並且開始使出個人能量，而不只是技能。他們會自問「有沒有更好的方法」，而不是回過頭問你：「我們該怎麼做？」

當你帶領公司實現你想看見的成果，解決方案就不再是你的責任，而是員工。最後就和亞當的情況一樣，應該是員工帶著潛在解決方案上前找你（更棒的是，他們能在你不干預的情況下解決問題）。這時買回原則（別為了拓展事業雇人，而是雇人幫你買回時間）就會生根紮地，你也能奪回你曾為這些成果花費的時間與能量。

驗收　衡量

如果你指導過體育隊伍的小朋友，就會很清楚數字可以提供清晰目標，並且驅策團隊。你可以整天為排球隊的小朋友示範擊、托、殺球，但除非你向他們解釋計分方式，否則他們不會在乎。一旦解說了計分制度、如何得勝，他們內心的燈泡就會點亮，數字所代表的意義亦能點燃他們的表現力。

你的員工也一樣，至關重要的數字系統能讓他們清楚目標，有助於他們透徹了解個人目標。

電影《魔球》（*Moneyball*）中，喬納・希爾（Jonah Hill）飾演的角色彼得是一名數據天才，他運用複雜的數學協助奧克蘭運動家隊，精挑細選出一支完美隊伍，但最終，這個繁複的數學「只需要濃縮成一個魔幻數字」。[2] 我的好友伊凡・漢布魯克（Evan Hambrook），在蒙頓市的福斯汽車擔任售後服務經理，他告訴我，他們是採用一種度量衡，來判斷某間經銷商是否成功。這個度量衡，就是他們的吸收率。由於汽車銷售的利潤率不高，經銷商往往得靠零件和服務部門補貼收入。相較於經銷商的整體開銷，吸收率能說明零件和服務帶來的收入比例，而這就是他們的「魔幻數字」。

我還有一個擔任飯店經理的朋友珍奈爾，我問她飯店業怎麼確認營運是否成功，她秒答：「看入住率囉！」

飯店每天提供各種不同房價，譬如給予Travelocity和智遊網（Expedia）等線上旅遊網站的價格，AAA會員的折扣房價，或是精英會員的免費升等。但到頭來，珍奈爾只需要知道一個數字：入住率。[1]

伊凡和珍奈爾很清楚他們必須知道的魔幻數字，也知道一個數字就能推動營業成功。珍奈爾不必查看大量資料集，光看入住率就夠；伊凡光是比較經銷商目前和去年的吸收率，就能一眼判定營業方向是否正確。

你公司上下的每名員工都需要類似的測量數值，可能因個人或團隊而異。全公司的整體目標或許

---

1 作者注：有些飯店業者可能會使用平均房價來量測，但概念大同小異。

是提高利潤，但每個團隊和員工真正需要的，是一個他們能直接造成影響的數字。例如每個團隊的銷售代表，可以運用每季收益進行量測，但換成銷售經理的話，也許就要運用銷售速率。[2]

好消息來了：一旦給公司每個人一個衡量數值，他們立刻會動力滿滿，知道要如何衝向勝利，也能馬上專注目標。而且通常不用你幫他們定義成功，他們自己就會觀察分數板、修正自我，畢竟他們很清楚自己的目標。

給每個人一個數字，然後等著看分數提高。

下一步 指導

好教練，能帶你上天堂。

一九四八年，加州大學洛杉磯分校致電約翰・伍登（John Wooden），邀請他擔任棕熊籃球隊（Bruins）的總教練。這支球隊近二十年來從沒贏過國家冠軍，該校是伍登的第二選擇，但最後他還是接受了邀約。

他指導並率領該球隊奪得了首座國家冠軍，又帶領他們奪下第二座、第三座冠軍。不只突破該校紀錄，甚至打破NCAA（美國大學籃球錦標賽）的紀錄。截至目前為止，賽史上沒有其他球隊連續兩次贏得冠軍頭銜，而伍登蟬聯了七年冠軍。

但他沒有就此罷休。

到了一九七五年，也就是他退休的那一年，他的暱稱已變成了西木魔法師[3]，並且奪得十屆全國冠軍頭銜，其中七屆還是連勝，以及四次的全勝賽季。

目前為止，棕熊隊仍是以下紀錄保持人：

- 最多NCAA全國冠軍得主
- 最多NCAA全國冠軍連勝得主
- 史上最多不敗賽季

所有棕熊隊的成功紀錄都來自一個男人：伍登。他離開後，棕熊隊只贏過一次全國冠軍。就棕熊隊的案例來說，成功不全靠球員努力，教練才是關鍵。

---

2 作者注：銷售速率可由公式計算得出，包括潛在客戶進展到最終產生收益的過程。

3 譯注：加州大學洛杉磯分校位在西木區。

如果你想要一組高效團隊，就得學會成功指導。

指導團隊成員不是一種選項，而是一種必要。經理劃掉清單上的任務、咆哮指令、撰寫報告，**領導人**則知道該如何引出一個人的最佳表現，他們看得出一個人的潛能，並且實現潛能。要是沒有指導教練，許多偉大運動家就不會有今日的成就。每個麥可・喬登背後都有一個菲爾・傑克森（Phil Jackson）；每個西蒙・拜爾斯（Simone Biles）背後都有一個艾蜜・鮑曼（Aimee Boorman）；每個史蒂芬・柯瑞（Stephen Curry）背後都有一個史蒂夫・科爾（Steve Kerr）。

同理，你的團隊也需要你的指導。

你建立團隊，團隊成就事業。

C-O-A-C-H 指導架構

現在**指導**兩個字太氾濫，變成一種陳腔濫調。人人都說你該指導，卻沒人示範做法。只要發揮變革型領導力，你就不用事事插手，只要把多數工作交給某人，設定目標，放手讓他們完成大部分工作目標。

但當你發現某因素讓他們無法發揮實力，譬如某件事正好是他們的致命弱點，或發生了重大錯誤，你就要插手，幫助他們克服難關、持續前進。

基本上，指導就是關鍵時刻的幾次小對話，幫助對方調整方向。你可以在每次指導對話（通常稱為一對一面談）中，套用這個CO－A－CH指導架構（見圖表十二）：

我在**每場**一對一面談上，都會利用這套指導方法。請注意，我的焦點是更廣大的問題層面，是核心原則而非單一情境，並且一次只專注解決一**個**問題。

以下提供一則真實案例：

最近柯莉略過沒做某個她應該做的決定，導致團隊損失了好幾天的生產效能。事發當下，我注意到了這個狀況，卻沒有立即開口，而是記下這件事，好在我們下次的一對一面談中討論。

與她進行指導時，我提醒她這個狀況，並解釋我一貫秉持的哲學：下決策的速度越快，就能越快達成目標，賺到的利潤更多，還能節省時間和能量（這就

圖表十二　CO-A-CH指導架構

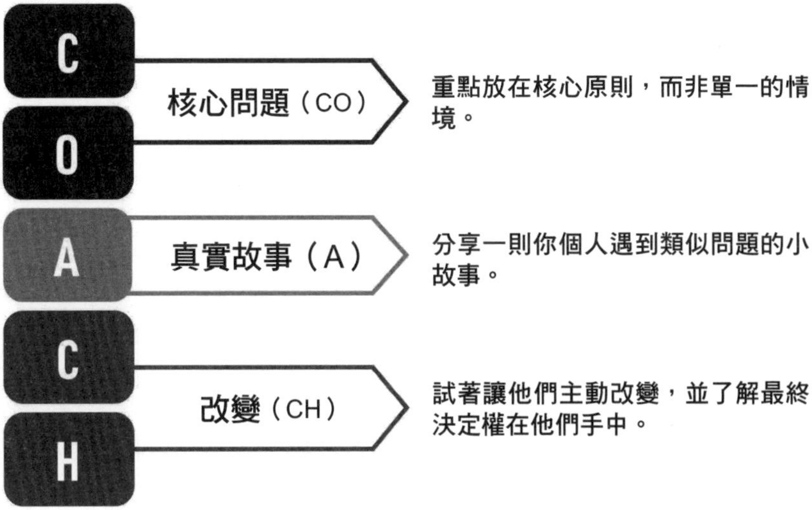

CO	核心問題（CO）	重點放在核心原則，而非單一的情境。
A	真實故事（A）	分享一則你個人遇到類似問題的小故事。
CH	改變（CH）	試著讓他們主動改變，並了解最終決定權在他們手中。

是**CO**re issue，核心問題）。然後我分享一則我個人猶豫不決、做不出重要決定的故事（**A**ctual story，真實故事），我告訴她：「後來是一名指導老師把我拉到一旁，搖醒我。」我的指導老師解釋，我的猶豫不決害大家損失了生產效能。接著我把決定權交還給柯莉，問她下次可能需要什麼協助，好讓她順利做決策（**CH**ange，改變）。

請注意我讓柯莉接受並贊成的先後次序：

CO核心問題：猶豫不決影響生產效能

A真實故事：關於我個人猶豫不決的真人真事

CH改變：詢問柯莉需要什麼協助，好讓她下次可以果斷做決定

在交易型管理中，你大大小小的決策都要摻一腳，但換成變革型領導力的話，你就是在協助隊友日後做出更好的決策。

*

如果你想要打造永續經營的企業，就務必學會大改造你的團隊，而不是單純管理任務。想像一下指導教練都是怎麼幫你的。

如果教練想指導你跑完一場馬拉松，他會這麼做：

設定**成果**（完成二〇二三年波士頓馬拉松路跑）

以**度量衡單位**量測你的每週進度（每週完成的里程數）

指導你邁向成功（「一開始先別盡全力跑，不然會累壞自己。」）

實現事業目標的道理也相同。身為變革型領導人的你，可以描述目標成績、提供度量衡標準、指導員工一步步邁向成功。

最重要的是，這是一種耐力練習。交易型管理可能**今天**就能輕鬆完成任務，到頭來員工卻垂頭喪氣，覺得老闆什麼都要管，最後還可能辭職不幹，害你損失時間和金錢。帶著真正的變革型領導上路，你就能促成長遠的改變。

☑ 買回核心重點

1. 聰明的領導人不會指手劃腳地教人**怎麼**做，而是單純說出預設成果，然後讓對方發揮創意，自行找辦法。
2. 你公司內部的每個人，無論是前線員工還是首席執行長，都有自己的責任義務，也就是歸他們管的「猴子」。人只要一逮到機會，就會想把猴子交給別人，而我們往往太輕易就接手別人的猴子。千萬別這麼做，而應該讓每名員工自信滿滿，他們有能力管好個人職責。
3. 許多領導人的管理方式是教導職員，驗收成果，再解釋下一步怎麼做，這叫作交易型管理。如果這就是你的管理模式，最後全公司的人都會來找你，詢問你下一步如何進行，而你會撞上教導／驗收／下一步的天花板。
4. 不如擁戴變革型領導力，告訴員工你期望看見的成果、給予衡量進度的數值，指導他們邁向成功。如此一來，你就參與了員工的成長，最後他們不但自我精進，也能學會在不麻煩你的情況下做決策。
5. 必要時套用C–O–A–C–H指導架構，指引你的職員邁向成功道路。

思維練功場

在下一週套用CO-A-CH指導架構，藉由變革型領導力，即刻收割眼前的果實吧。

A. 想出一個公司內部有進步空間的人。他可以加強**哪件事**，讓自己變得更強？把事情寫下來。

B. 安排與那個人的一對一面談。

C. 套用CO-A-CH指導架構，把重點放在核心問題（**CO**），與他分享一則情境雷同的真實故事（**A**），試著讓對方同意改變（**CH**）。

第十二章

聽取回饋，拯救事業

接納意見就像定期除雷——
好的風氣助企業邁入正向循環，
壞的氛圍讓事業隨時毀於一旦。

你可曾遇過後來演變成精彩故事的尷尬場面？也許是你參加會議時，剛上完廁所，鞋底黏著一張廁紙就走進室內？或是穿著短褲、polo衫參加正式婚禮？「尼爾」就犯過一個「早知道就閉上狗嘴」的大錯。

自動化技術專家賈克柏已和尼爾合作約三個月，幫忙整合連結不同軟體程式，也就是……嗯，自動化啦。尼爾不太滿意賈克柏的表現。但三個月過去了，他內心焦慮糾結，卻對賈克伯隻字未提。

尼爾參與行銷部門的員工會議，聽行銷部更新幾項工作案的進度。尼爾的Zoom設定只會顯示最早加入會議的五名員工頭像，他也懶得滑下去看還有哪些人參與。這時團隊開始更新進度。

尼爾發現有份工作案，行銷部**還在**等待某個項目，而尼爾認定該項目由賈克柏負責。這下尼爾總算忍無可忍，開始大肆抱怨賈克柏，而且激動萬分。但就在抱怨快結束時，突然傳來一個熟悉的聲音：

「嘿，是我，賈克柏。我也在會議上。」

我知道尼爾晴天霹靂，因為尼爾的本名就是**丹・馬泰爾**。

*

我沒有和賈克柏直球對決，而是不把這當一回事，最後才在全部門面前害自己（以及賈克柏）丟大臉。我任由自己累積對他過往表現的不滿，比起給予他良性的回饋意見，我選擇不插手、不開口，任憑問題發酵。正因為我沒有提供雙向溝通的管道，最後我在那兩分鐘內，不吐不快了累積三個月的沮喪。

人體限時炸彈

我沒有以健康積極的態度和賈克柏討論問題，更嚴重的是，我不知道賈克柏對我有什麼意見。

- 也許他工作太忙碌。
- 也許他不了解自己的工作角色。
- 也許他同時在忙一份我不知道的工作案。
- 也許他**以為**自己都做得很好，而我也從來沒給他改過自新的機會。

我沒有打造出雙向回饋的合作關係，而是選擇臨陣脫逃，從未給賈克柏回饋意見，也從來沒給他機會向我提出回饋意見。我錯過了事業上的「F」，也就是回饋（feedback）。

零回饋意見＝零生產效率

想要公司回到高產能績效的全盛期嗎？

那麼你就要確定，公司內部的回饋意見能自由交流。畢竟缺乏雙向溝通和回饋意見，可能會讓文化癌症找上門，並且在組織上下蔓延擴散，演變成惡性問題。

我們在第六章曾經提過啟斯．法拉利。他在著作《別自個兒用餐》中提到，有一次，他突然無法在老闆行事曆中找到空檔、安插重要會議。沮喪無助的他開始調查，結果發現問題的癥結點是：啟斯的左右手和老闆的行政助理發生了衝突。這位未來的《紐約時報》暢銷書作家，差點因為一件小事，就丟了工作飯碗。

我真希望我和賈克柏的尷尬錯誤，是我唯一一次選擇臨陣逃脫、沒和員工對話，最後讓醞釀已久的不滿情緒爆發。但其實幾年前，我早就犯過同樣的錯誤，甚至還更慘痛。

二〇一二年，我雇用了一名新的全職員工，艾麗西斯。她本來是公司外包專員，由於表現亮眼，所以我招攬她進公司擔任行銷部長。可是一個月過去，艾麗西斯完全沒拿出優異表現，行銷部門似乎毫無動靜。無論她是否進辦公室，我們的行銷機會和銷售進展都一樣，我注意到了這個問題，卻始終沒說什麼。欸，人家剛當媽，別太苛刻吧。

三個月過去了，依舊毫無進展，我曾經考慮和她面談，卻始終沒有機會。

最後，六個月過去了，我不得不炒艾麗西斯魷魚。雖然這決定並不容易，但當時的我相信自己這麼做是正確的。艾麗西斯半年來毫無表現，於是我只好請她離職，另尋更適合她的公司。

但如今回顧，我卻能一眼看透，自己對賈克柏和艾麗西斯犯下了相同的錯誤：就這兩次經驗來說，對於給予彼此意見，我們都不夠自在。如果我們的合作關係更緊密融洽，也許我就會發現問題其實不難解決。也許賈克柏需要某種我們缺乏的工具或軟體，也許艾麗西斯還不了解她新角色的職權，又也許賈克柏不清楚截止日期，或者其他部門交給艾麗西斯太多工作，而她不知怎麼婉拒。無論狀況是什麼，我都不了解，因為我從沒問過他們。

這兩個案例，都拖垮了公司數個月的生產效率，有人更因此丟了工作飯碗。也許我們唯一需要的，只是回饋意見——不管是我給他們，還是他們給我意見都好。

重新解鎖團隊表現力

二〇二一年，湧現了所謂的大離職潮，大批美國員工出走，離職數量前所未見。光在一個月（七月份）內就有四百萬人辭職，還有一**半的**美國員工表示考慮離職。[1] [2] 他們究竟想要什麼？

不難猜測，不外乎是更高的工資、職涯與個人發展、加薪，或更優良的工作環境。除此之外，人們還希望從工作中找到意義與目的。根據一份麥肯錫管顧公司（McKinsey & Company）的研究，七〇％的員工會**從工作中**尋覓人生意義。[3] 一份來自資誠（PwC）的類似研究，也把「日常工作的意義」列為前線職員選擇工作場所的主因。想一想，這對身為老闆的你具有什麼意義。

你的員工想要的是從工作中找到**他們的人生意義**，不是乒乓球桌，也不是更專業的咖啡機。他們要的，是對人生舉足輕重的事物。

試想，要是你把每個人安排妥當，讓他們做自己熱愛的事，由於他們**已經**找到人生目的，可以在工作中展現熱情和活力，你覺得會怎麼樣。同樣地，有效溝通還是重點。

現在再回頭講艾麗西斯。別忘了，她前一份工作的表現很出色，也許她是很優秀的兼職人員，卻不是全職員工的理想人選，也許是先前的工作時程比較適合她。要是我當初問她問題出在哪，說不定她會敞開心胸告訴我。

雖然你無法總是提供所有員工想要的，但只要聽取簡單的回饋意見，你往往就能發揮創意，幫他們重新調整方向。

如果你的公司規模較小，可能會有**許多**需要執行的任務，而要是你能知道每位員工熱愛的工作，就能提升生產效能。如果你的公司規模較大，可能有許多正式職務，要是某位才華洋溢的員工不喜歡目前的工作，何不幫他調職？我也曾幫公司的幾位「A級」員工調動過職位，因為他們工作勤奮、充滿幹勁，而且還有更適合他們的位置。

一般情況而言，大多數的公司就像吃到飽餐廳，有五花八門的工作職位。既然如此，何不讓所有人都拿自己最想要的那盤菜？

想要了解團隊員工是否需要轉調崗位，唯一的方法就是他們要夠自在，願意告訴你個人想法。而這件事，要從你開始。

你敢面對真相嗎？

工作環境中難免發生各種小問題，例如錯過截止日期、發生誤解、人際問題。別逃避問題，要善用問題。

在《紐約時報》的暢銷書《徹底坦率》（*Radical Candor*）中，作者金・史考特（Kim Scott）寫到，字母公司（Alphabet，谷歌前身）其實會**鼓勵**員工提出不同意見。字母公司知道，在會議室中聽見問題，絕對比從市場看見反應來得好。

我還蠻贊成字母公司的看法。要是銷售業務無法從行銷團隊拿到符合資格的潛在顧客名單，而為此沮喪，也許該團隊就需要重新調查。如果員工因為工作量而情緒低落，也許他需要的是調整工作風格。讓問題浮出表面，最好是**鼓勵**它們浮出表面，長久下來你就能節省時間和能量。

你可以想像成高速公路的交通：每個小問題都是高速公路的一輛車，只要車輛持續下交流道，你就能保持高速行駛。但要是遇到高流量，交通就難以暢通。

《偉大的首席執行長》（*The Great CEO Within*）的作者麥特・莫切里（Matt Mochary），為打造回饋意見流通的公司提供了完美的模範。

我邀請麥特和我的指導客戶一起開視訊會議，多次詢問後他總算答應。他沒有讓人失望，不只提供我們步驟，還讓我們在線上進行回饋意見。麥特在視訊會議上向我概述框架後，交給我一項挑戰。

「阿丹，我們來為你的指導客戶示範回饋意見的框架，現在就來。」

我略顯遲疑，最後還是答應了。接下來，請仔細看麥特的做法，因為實在太神了。

「阿丹，請你分享一下，今天我的會議內容中，你最喜歡哪個部分？」

我給出了友善的答案，表示我很喜歡他運用的故事。

「謝了，阿丹！真的很有幫助。」他說。但這只是暖身。

「阿丹，我敢說你知道我哪方面可以**改進**。現在幫我做一件事：先**思考**我哪方面有進步空間，不必立刻告訴我，先在心裡想就好。」

我立刻想到答案，接著麥特說：「好了，阿丹，你可以和我分享嗎？」

雖然略微尷尬，但我還是說出口。我解釋，我覺得他起初拒絕我參加視訊會議的邀約，有點不公平，他的理由是「我不喜歡團體會議」。我有點不開心，覺得這有點自私，畢竟他是某方面的專家，為何不和大家分享？這對我而言很重要，畢竟我的價值觀就是：學習、執行、傳授。

麥特禮貌回應，謝謝我提出的回饋意見，並表示「接受」我的意見。聽取意見的那一方（在這個例子裡是麥特）應該聆聽回饋意見，同時仍保有選擇權：可以接受，也可以拒絕。麥特大可拒絕我的回饋意見，因為他不想進行團體視訊會議的理由很正當，絕非出於自私。聆聽永遠是關鍵，至於是否要對回饋意見採取行動，全看接收者的意願。

麥特另外問我，是否有其他想補充的回饋意見。這個要素很關鍵，尤其如果回饋意見的對象是上級，我們往往會退卻，就算慢慢接受了這個想法、願意分享，也很難馬上敞開心胸。他們會拉開門，怯懦地踏進他們害怕的室內，但如果你邀請他們進門，他們可能還有很多話想說。

噢，還有一個附加好處。麥特要我給出回饋後，我下意識想問他，他是否也能給我回饋意見。

一般來說，當你讓對方放心，勇於向你提出回饋意見後，他們自然也會想對你提出相同的問題，讓你朝打造自由回饋交流的文化跨出一大步。

實踐CLEAR步驟

麥特示範的步驟，我稱之為釐清對話，以下是拆解步驟。我知道上一章剛使用過CO-A-CH指導架構，所以CLEAR（釐清對話）聽起來可能有點俗氣，但這做法方便你記下五大步驟，也就是營造（Create）、引導（Lead）、強調（Emphasize）、詢問（Ask）、拒絕（Reject）或接受。

麥特和我在線上示範的這幾個步驟，也就是上級和員工的回饋交流對話，通常最好在一對一面談時進行，而且預設場景是領導人率先向員工要求回饋意見。

C（營造）：營造溫暖環境。先請對方提出正面意見，一開始就要他們給你批評意見恐怕很難，說好話比較容易。對方提出正面回饋意見後，你可以請他們思考，但不必大聲說出來，先在內心思考一件可能讓他們不自在的回饋意見。而你該做的，只有營造溫暖的環境。

L（引導）：引導他們提出批評意見。現在他們在思索有什麼負面意見，你可以詢問對方是否介意分享。你可以告訴他們，你早就知道自己不完美，但聽取批評意見，你就可能進步。告訴他們，你的目標就是成為更好的上級。

E（強調）：重複強調。只要聆聽，你不必接受，聽就好。務必使用自己的話語，重複一遍他們的回饋意見，好讓他們知道你有接收到訊息，感覺到你是真的聽見，也理解他們的意思，這就是這個架構八〇%的價值所在。重複之後，反問他們你的理解是否正確。

A（詢問）：詢問他們是否還有補充意見。人往往會先從小問題講起，給他們第二次機會，分享真正的問題。

R（拒絕）：接受或拒絕回饋意見。在這一步，你可以接受或拒絕對方的意見，要是接受，就等於答應今後會改變行為。如果不接受，感謝對方提出回饋意見就好。

如果你的公司組織想要進化，上述的步驟就能幫你移除路障、開始打造回饋意見流通的公司。前幾個月，先從你的下屬開始，利用CLEAR步驟和他們交流、進行一對一面談，讓他們看見這些步驟的價值之後，建議他們也和下屬進行同樣的步驟。不需要逼他們接受，建議就好，請他們試試看，再向你回報結果。運用釐清對話，你就能避免小問題日後引發大爆炸（就像我和賈克柏那樣！）。

優質人才的連鎖效應

思考一下，在人員變動時，公司會損失多少時間與金錢：

- 要是有人離職，召募培訓新員工可能耗時數個月。
- 資歷豐富的員工離職時，會把累積多年的公司知識和專業一併帶走。
- 要是職員跳槽新公司，等於是把累積多年的公司知識、產業經驗、客戶關係、培訓內容都帶到新工作。

整體來說，人員變動意味著：員工培訓、專業技能、人際關係的時鐘又得重新設定。

相反地，要是留下超級員工，新員工就能更快進入狀況，客戶和合作夥伴的人際關係成長，整體團隊會吸引更多人才，等於全公司都處於生產象限。以下是保留超級員工的方法：營造一個同儕能實際給予專業及個人回饋意見的環境。

每季的異地會議（off-site meeting），行政主管團隊都會誠實並直接地交換回饋意見。我們會幫團隊每個人列出清單，分別寫下他們哪方面表現優異，哪方面有待改善，然後輪流聽取所有人對自己的回饋意見。

其中一場會議上，麥可聽見**六個**人給他相同的意見：他的溝通方式讓人滿頭霧水。他們解釋，這幾個月來，沒人聽得懂他的定期報告。麥可深感震驚，他把我拉到一旁說：「從來沒人告訴我，我有溝通問題。」但麥可也不是省油的燈，你知道他接下來怎麼做嗎？他開始研究良好溝通技巧、購買溝通術書籍。

下一次團隊報告時，麥可準備了視覺輔助道具、鉅細靡遺的分析內容，和一目瞭然的項目清單，快速化身溝通高手，全因團隊給了他改進機會。

一間公司要是能打造出回饋意見的文化，人人都是贏家，大事化小，小事化無，溝通失誤也不會導致工作案延宕，每個人在職場都能表現活躍。

但這一切皆起於一小步：領導人邀請大家提出回饋意見。你必須拋磚引玉，畢竟給出回饋意見簡單多了，而請他人給予誠實批評意見，不管是出於什麼理由，卻需要鼓起勇氣，但這正是奇蹟發生的時刻。

☑買回核心重點

1. 包括你在內，要是團隊成員把問題悶在心裡，終究會有人爆炸。上級主管往往會對員工發作，最後導致慘烈下場。員工無法說出心聲的話，往往會選擇自動離職。
2. 回饋風氣低迷的文化中，生產效能也很低落，人際關係的小問題會導致進度停滯不前。
3. 在盛行回饋風氣的公司中，事業進展會突飛猛進，因為員工覺得有人聽見自己的心聲，看見自己、賞識自己。

4. 給予和接受回饋意見也許困難，創辦人必須拋磚引玉，設下行為典範，請其他員工提出意見，同時得聽取員工意見。要是員工覺得可以給予上級回饋意見，甚至是批評指教，他們就會知道有人願意聆聽，並且證實自己的想法。附加好處是，他們往往也更容易接納批評的聲音。

5. 採用CLEAR步驟進行釐清對話，你就能避免尷尬情況。最好是從一對一的環境開始，上級可利用下列步驟，請員工提出回饋意見：

- **營造**溫暖環境。
- **引導**員工給出批評意見。
- 重複**強調**。
- **詢問**他們是否還有補充意見。
- **拒絕**或接受回饋意見。

思維練功場

我敢拍胸脯保證，你的員工有想給上級主管的建議。（想一想你對他們有多少意見，別忘了他們對你也一樣！）聆聽對方就是改善交流的不二法門，以下是你的功課：

A. 如果你沒有安排會面，就在下個月規劃時間，和兩、三名下屬面談。

B. 在面談時請他們提出回饋，一開始也許有點尷尬，但套用CLEAR步驟後會慢慢上手。

C. 小撇步：聽就好。你無須立刻改變，至少試著站在他們的角度，觀看及思考問題。（但如果你常聽見不同人給出相同意見，最好還是馬上改變！）

第十三章

欲成大業，先做大夢

曠世巨作從天馬行空成形，
偉大願景從任意做夢開始。
你，想要如何留下自己的名字？

如果你不知道自己的方向，最後就會走到未知的方向（那會是哪裡？）。如果你錯失了計畫，就等於計劃了錯失。如果你沒有明確目標，就不會得到明確結果。

——大衛．卡麥隆．季坎帝（David Cameron Gikandi）和包博．道爾（Bob Doyle）[1]

戴夫．克里斯科（Dave Krysko）是一家小型行銷公司的創辦人，他的公司與強鹿（John Deere）等歐美高級客戶合作。二〇〇三年，戴夫的員工藍恩．梅里菲爾德（Lane Merrifield）和蘭斯．普里比（Lance Priebe）來找他提案。

普里比和藍恩有了一些構想。多年來，普里比下班後通宵製作小型線上遊戲，隨著網路逐漸發展、吸引越來越多年輕族群，他和藍恩萌生了一個瘋狂的構想：該如何在網路上開發安全空間，讓小朋友在溫暖友善的環境中，聊天交友、玩樂、找到自己的社群？

別忘了當年是二〇〇三年，他們想做的事史無前例，必須跑去一間又一間銀行、向六間以上的銀行申請貸款。藍恩不想靠傳統的網路公司模式，也就是廣告來賺錢，而是想嘗試採用某種前所未聞的訂閱模式。藍恩非常堅持這一點，他想把小朋友的安全視為第一，打造一個虛擬空間。而讓各大公司向小朋友廣告推銷產品和服務，並不是他的目標。

藍恩的老闆戴夫聽員工說了長達兩個小時，講解他們想創造的全新網路體驗。到電動遊戲和聊天室的部分他都還聽得懂，但講到「Flash播放器」、「伺服器」和企鵝時，他聽得滿頭問號。一百二十分鐘過去了，藍恩和普里比終於停下，並且做好了遞辭呈的心理準備。然而戴夫卻說出了驚人之語：「我聽不太懂你們在說什麼，但我從沒見過你們如此滿腔熱血。所以**現在**我們一起來想想該怎麼做吧。」

戴夫不準備讓員工離職，而是在他（和全公司）的協助下，實現他們企鵝電動遊戲的概念。戴夫不僅一諾千金，基本上可說是把自家公司當作種子資本，他要普里比全心全力投入開發，藍恩則可挪用他在戴夫公司的收益，當作開發資金。於是他們開始工作。

藍恩拿自家房屋抵押，獲得信用額度，普里比熬夜趕進度，他們找來幾個同事幫忙，沒多久就製作出試用版、進行測試，預估二〇一〇年就能完成上路。

他們本來希望試用版能吸引四千名用戶。

結果才短短五週，已有兩萬人註冊。

所以最後，他們的進度比預期的時間提前，在二〇〇五年十月就上線了。

六個月不到，他們已有逾一百萬的註冊人次，這間凡事自己來的公司把電腦基礎設施運用到了緊繃的極限。有次他們付費請ＩＢＭ顧問檢查機器，看看要怎麼做伺服器才不會崩潰，三天後ＩＢＭ直接退費。

「我們不知道ＩＢＭ的機器竟能運作得這麼好，也不知道居然有你們這種用法。」他們說。

到了二〇〇七年，世界各地已有近三千萬名小朋友成為企鵝俱樂部（Club Penguin）的用戶，藍恩知道他們得找人手，幫忙維持基礎設施。如果他們想繼續提供小朋友安全的空間，就得在全球各國設置辦公室，因應不同語言和不同技術等需求。他們開始尋覓大公司贊助，企鵝俱樂部上線後的二十二個月，迪士尼以三億五千萬美元[1]買下該線上遊戲平台。

對藍恩來說，企鵝俱樂部純粹是一種熱血，迪士尼的標價並不是最高（但三億五千萬美元也有好幾個零）。藍恩之所以決定賣給迪士尼，是因為他知道迪士尼能保持企鵝俱樂部空間的安全性，帶給小朋友歡樂的線上環境。

和歐普拉一樣，我朋友藍恩找到了令他充滿能量的事，而世界也回饋了他。

將不可能變成勢不可擋

我之所以喜歡藍恩，是因為他很敢夢想。當藍恩講到企鵝俱樂部流星般的崛起，聽起來不像是在講一間公司，而像是興奮的孩子講他在自家後院發射的手作火箭。

人人都抱持懷疑的態度，記者嘲笑他，IBM不肯幫他，但是藍恩一路自己摸索，抵達了最終目的地。

本章要講的東西有點不一樣。前面已經講了很多買回時間原則，講過交出無足輕重、繁瑣沉悶的委派象限任務，也探討過怎麼樣才不會永遠深陷取代象限。但現在我們要來講點不一樣的，探討為何生產象限那麼重要，而這就是本章的目標。

創作這本書的過程中，我和客戶卡爾進行指導會議。這是他對我說的：

> 阿丹，我聽了你的買回原則忠告！我雇用了一名助理，然後爬上取代梯，幾乎買回了所有的時間！和你進行這三十分鐘的會議，是我今天唯一要做的事。

諸如此類的誤解，就是我動筆寫這整本書的用意。卡爾的公司高效率、生意興隆，他一整天下來工作不到半小時。卡爾沒有把時間投資在推動事業發展的事務，而是從人生退休了。

我並不訝異他能找回時間，畢竟買回原則確實有效，但我覺得很沮喪。「卡爾，我很欣賞你。」我告訴他：「可是你聽我說：我幫你買回時間，不是要你成天無所事事，不再為你的帝國打拚。你是個藝術家，而我的目標向來是幫你解鎖下一階段的成長。」

當你奪回更多時間，就得學習把時間放進投資象限。卡爾可能**以為**這正是他在做的事，實則不然——要是他成日遊手好閒，八成也撐不了多久，而你也一樣。畢竟，企業家不能從人生退休。

---

1 作者注：要是達成某些目標，還外加三億美元的款項。

> 如果你是企業家，你不可能成天無所事事，只躺在沙灘發呆。躺在沙灘沒幾天，你就會覺得如坐針氈。盯著遮陽傘太久的你，可能會發明出更厲害的遮陽傘，開一間新公司，雇用泳池清潔工當公司第一名員工。

這就是企業家基因。

某方面來說，卡爾做得很好：他成功**審核**及**移交**了他的時間，卻明顯忘了最後那兩個字：**填補**。要是你繼續照著策略走，就一定會買回時間，當你開始買回大筆時間，請問你打算怎麼以有意義的事，填補空出來的時間？

逐漸買回時間後，你就得把時間放進生產象限。

這種時候，你就需要遠大大膽、深具意義的目標。

我要你像藍恩那樣做大夢，而我會在本章帶你做大夢。

重點是，你的夢想必須瘋狂遠大，同時卻也得清晰透徹。最後你會需要我所謂的十倍願景圖，也就是遠大瘋狂、充滿雄心壯志、賦予你瘋狂靈感的願景。想像一下登陸火星、贏得一座奧運金牌、以十億美元出售公司、把垃圾變成堆肥等。

為了確保你的十倍願景圖儘可能遠大清晰，必須分成兩個階段，而我們會在本章中探討：

1. **第一階段：不設限地做夢**。我要你在這一步完全放飛自我，先別擔心**怎麼**實現夢想，只把重點放在**夢想本身**。

2. **第二階段：打造清晰願景**。讓自己放膽去夢後，就是清楚思考做法的時候了。

我把實現夢想的過程分成兩個階段，為的是讓你放膽去夢，釐清思維……**然後**再實際進行。要是步驟全混在一起，企業家就會出錯。

我們現在就開始吧。

第一階段：不設限地做夢

先說清楚，我所謂的**遠大**是指：像企鵝俱樂部一樣，遠大到幾乎不可能實現的夢想。但是這對企業家的重要性，卻沒得商量。

我敢保證你會遭遇問題，而我也不敢說你下一次碰到商機，就會一頭栽進去並成功。但我敢說，要是你的夢想**不**夠遠大，就沒有拚搏的理由。除非你想盡己所能摘下冠軍，否則這就不值得你發揮創業精神。

一方面也是因為，如果不是近乎不可能實現的夢想，很難讓人產生動力。

二〇〇〇年代初期，科羅拉多泉（Colorado Springs）的科羅拉多大學教授卡薩德博士（Dr. Casad），就以一句驚人的話為新生心理學課程揭開序幕：

「哈囉，各位新生，歡迎來到心理學一〇一。我要告訴你們一個消息，那就是這門課會很**困難！**」

學生開始哀嚎。

卡薩德博士繼續說明，**為何**他要把這堂課設計得別具挑戰。[2]因為研究顯示，要是太過簡單，人就不會盡全力，可能會鬆懈拖延，甚至覺得無聊。雖然有違直覺，但一門課要具有挑戰性，學生才有學習的拚勁動力。

企業家是夢想家。如果夢想不夠遠大，不足以賣力拚搏，他們就會失去興致。

企業家也是海豹部隊水準的問題解決高手，特別喜歡解決重大問題，喜歡到要是沒有需要解決的問題，你就會自己搞出問題。你已經懂我的意思，這就是我們在第三章講過的混亂上癮症。

解決方法是什麼？設定一個值得瞄準的目標。

你**真正**想要的是什麼？撇開簡單、甚至可能實現的夢想不談，要是沒有極限，你的夢想會是什麼？

藍恩想要為小朋友打造虛擬社群，一個安全、沒有廣告干擾的聊天室，一個純粹的歡樂空間。對許多人來說，這就像去外太空一樣不可能，但他辦到了。

也許這種事無法點燃你的興趣，既無法讓你興奮期待，也不能驅動你。那會是什麼呢？有和家人相處的時光？買一台遊艇？開一間財星百大企業？寫十本《紐約時報》暢銷書？

正如提摩西．費里斯（Timothy Ferriss）說的：「思考一下你必須做什麼，在未來兩、三百年過去之後，依然能名留青史？」[3]我會在學院的密集課程上，逼客戶做一場瘋狂美夢。很多時候，面對堆積如山的日常職責，我們都忘了自己的初心，也忘記自己究竟是為了什麼而忙，而這就是企業家釀下的大錯。

企業家解決問題的能力出眾，世界需要你發揮天賦。在我的密集課程上，滿滿都是熱血沸騰（且狂野無比）的問題解決高手，於是我給客戶一個機會，讓他們再次做夢。我要他們別去考慮可行性，而是任意發揮瘋狂的想像力。

以下是我聽過的幾個瘋狂夢想：

- 讓世界所有垃圾消失
- 終止孩童飢餓
- 完成一人飛行

「完成一人飛行」是什麼？我也不清楚，但聽起來蠻酷的。

如果這些聽起來太不切實際，我可以給你幾個好理由，提醒你為何做大夢不只是為了好玩，甚至還會是你創業路上不可或缺的要素。

做大夢，帶動革新

要是你不再做夢，就會失去動力，更嚴重的是你的創意肌肉會萎縮。當你重新點燃夢想，而且是遠大的夢想，譬如躍上財星百大企業的行列、發明全新軟體、收益增加四倍，你的創意思維就會快速轉動。與其思考該如何多賺那一千美元，你會開始思考如何新增一千名客戶；與其憂心如何跟進拜訪客戶，你會直接請團隊去釣大魚；與其在內心祈禱自己生得出一篇部落格文章，你會思考怎麼創作幾本小說。

可以把這想像成在賽道上駕駛賽車：要是你的目標是把速度縮短一秒，就會練習縮小轉彎弧度，讓換檔更流暢迅速。但你一想著我得**加倍**速度，大腦就會加快一檔，這種時候特別令人興奮——因為你必須改良引擎、開發新輪胎、思考空氣動力學。

套一句諺語：「需要為發明之母。」以下是我的看法：

需求越龐大，發明越偉大。

做大夢，點燃他人的滿腔熱血

如果你曾遇見某個對自己事業興致勃勃的人，你也會忍不住跟著興奮。我朋友喬許．艾爾曼（Josh Elman）就是這樣的人。

喬許是產品開發天才，也是軟體投資者，並且不斷化解自己在產業上遭遇的重大問題。二〇一〇年我認識他時，他正與推特（現在的X）合作，升級他們的指導教學體驗。喬許滔滔不絕地講著自己的工作，而我也很樂意當他的聽眾。

當時我幾乎不使用推特，但在喬許充滿活力的渲染下，我也跟著期待不已，還為此寫了一篇長長的部落格文章。

賈伯斯挖角約翰．史考利（John Sculły）的故事，幾乎無人不知曉。話說當年史考利還是備受尊崇的百事可樂首席執行長，賈伯斯希望他踏出高級辦公室、拋下大型企業的職務，加入他在車庫組成的小團隊。幾次交涉未果後，賈伯斯最後丟下一句重話：「你想要餘生都賣糖水，還是和我一起改變世界？」[4]因為賈伯斯極富渲染力的活力，史考利辭去了百事可樂的工作，加入蘋果公司。

同樣地，和我朋友藍恩或喬許相處不用多久，你絕對也會深受啟發，因為**滿腔熱血的人會點燃他人的熱血**。

當你因激情熱血而深受啟發與鼓勵，談起個人目標和未來時的氣場就都不一樣了。沒人能比活力熱血的人更具渲染力，並且收穫這些成果：

- 顧客買得更多
- 員工更賣力工作
- 合作廠商使出渾身解術

所以——找出你的熱情，再傳染給別人。

做大夢，分心退散

說明一下，為何我喜歡目標瘋狂遠大的人：他們清楚如何安排行事曆、如何善用時間、如何填補自己的人生，不會被絕望擊敗，也並不甘於平庸。他們的所有人生決定，都和實現遠大的夢想息息相關。當其他人在思考週二夜要追哪部電視劇，夢想家根本沒有看電視的閒功夫。

當你找到令你振奮不已的熱血夢想，你會興奮期待，恨不得馬上天亮起床。相信我，這種時候你根本不會想打開網飛（Netflix），也不會掙扎著放棄電玩遊戲，甚至不會想到要浪費時間，反而可能還得提醒自己要適度休息。（這很重要，請見書末附錄的生命七柱！）

做大夢，決策變得簡單

當你認真實現遠大夢想，諸如此類的決定就不會讓你焦慮，也不會吞噬你的時間：

- 我該雇用求職者A還是B？
- 我們應該爭取哪個客戶？
- 我要怎麼重新整頓公司？
- 我們應該考慮哪些機會？
- 我們的研究經費該用在哪裡？
- 我們應該投資哪種全新的行銷法？
- 該炒某員工魷魚，還是給他一次機會？

事業作家兼指導教練丹．蘇利文（Dan Sullivan）曾說：「十倍的目標比兩倍容易達成。」[5]在此解釋一下他的意思：

想要解鎖成功，關鍵就是跳脫日常問題，以更寬廣的視野觀看全貌，而這也是棒球防守的第一課。內野高飛球朝你飛來時，你得先往後退一步，**沒有例外**。當你抽離令你痛苦的微小細節，綜觀整體目標，直面具有價值及意義的艱難挑戰，你就會動力滿滿，並且更容易看見必須採取的步驟。

夢想夠遠大，繁瑣小事就不會讓你癱瘓。只要有一顆清楚指引方向的北極星，你往往就找得到解答。你會知道這一路上你需要積極的人，所以不能雇用負能量王，不管對方多有才華；你會知道你要追求最具革新價值的機會，因為如果沒有顛覆市場，你就無法成功。

找到你的北極星，勇敢踏出去吧。

第二階段：打造十倍清晰願景

有一次我和丹妮絲聊天，她是一間女性非營利組織的執行長兼企業家，該組織專門照顧受虐婦女。但丹妮絲和所有夢想家一樣，一路上都崎嶇難行。

她談起組織內部的問題，我沒有直接回應問題，而是反問她：對於該組織未來十年的發展，是否有清晰的期許。

我問丹妮絲：「妳對於組織未來的走向有清楚的認知嗎？」

「當然！十年後我們會進軍更多城市，雇用更多職員，幫助眾多需要服務的女性。」

這是個**很好的開始**，我心想。但還是**差了臨門一腳**——這個願景圖一點也不清晰，她描述的目標比較類似一場朦朧的白日夢。於是我改變策略，換了個問題。我請她描述組織**當前**的狀況，她馬上明確地說了出來：

「目前我們在四座城市有據點，共有十三間收容所，每間收四名婦女。我手下有十二名員工、十個週末協助的義工。」她又繼續列出日期、數字等確切的資訊。

這才是清晰的描述，也是她未來願景所需要的描述。腦中如果有了一目瞭然的願景畫面，丹妮絲的組織當前面臨的許多問題，就能找到方法、迎刃而解。

我最後給她這個忠告：

> 「要是妳描述未來，能像描述現在的狀況一樣詳盡，妳的願景就足夠強而有力。」

從做白日夢到打造願景

運動選手之所以獲勝，是因為他們依循清晰的目標去採取行動，就像跑者能完成馬拉松，都是因為有終點線的存在。我們的夢想會出問題，是因為很多人連自己是否實現了夢想都不清楚。

我們通常會在從A點前往B點的過程中失去動力。剛開始時都很有趣，當終點線近在眼前，很多人都期待著能夠跨越，但在追求目標的**途中**，我們卻常常忘記初衷。很多人在一月幹勁十足地上健身房，到了春天卻宣告放棄；說出「我願意」時，人人都期許自己能當個好伴侶，最後卻以婚姻不幸福收場；充滿鬥志地說要回歸學生身分，卻說得到做不到。

所謂的十倍願景圖，只是把一場狂想美夢化作**清晰**畫面。

夢想（第一階段）是想像力的火苗，能短暫驅策你前進，有點類似大方向框架，但最終的十倍**願景圖**卻清晰、明確很多。你可以為你的狂想加上日期、數字、事實，補充人名、地點、事件等美夢成真的必備條件。基本上，這過程就像是踏進一場夢境，環顧四周，問問自己：這個夢想實現時，我身邊會有哪些朋友？我身在哪裡？我會住在什麼樣的房子裡？大家都是如何看待我的？我幾歲了？戶頭裡有多少存款？

藍恩為世界各地的小朋友打造安全空間，找到屬於自己的社群；沃克夫人（Madam C.J. Walker）成為美國史上首位白手起家的百萬女富翁；[2]馬斯克的公司成為第一個把人類送上外太空的私人企業。[3]

以上夢想都清晰明瞭，也都有相關事實及描繪願景的細節。佐以細節，明確描繪，你就能夠輕易想像，甚至幾乎**品嚐**得到美夢成真的真實滋味。

我的未來，也有詳細的願景圖解。我所謂的詳細，指的是我真的聘請平面設計團隊，幫我製作

《紐約時報》風格的首頁，裡面還有幾篇關於未來公司的故事，以及二十五年後的事業發展，並且細數我贏得的獎項、收益數字、未來辦公室的圖片（員工合作愉快的圖庫照片），種種細節有模有樣。我甚至可以打開ＰＤＦ檔案，閱讀我團隊的發展故事。

你會不會覺得，我做到這麼詳盡的地步有點怪？不奇怪才怪。但紐約洋基隊的名捕手尤吉・貝拉（Yogi Berra）曾說：「要是你不清楚自己的方向，最後就會走錯方向。」

當你能清楚描繪自己的願景，一切都將截然不同：當前的問題會變得微不足道，創意開始迸發，對話逐漸變得有趣。反過來說，要是不夠**清晰**，以上都不可能發生。

目標清晰，成功在即

關於對個人目標清楚透徹的故事，我最愛的主角，應該就屬奧運金牌得主約瑟・斯庫林（Joseph Schooling）。

二〇一六年奧運，是麥可・菲爾普斯（Michael Phelps）最後一屆參賽，他照常在水道上發揮他的專

2　作者注：而且當時她還是一九一〇年代的黑人女性。

3　作者注：馬斯克的公司SpaceX是首間進行**軌道飛行**的私人企業，另一間私人企業SpaceShipOne則在二〇〇四年派出**次軌道飛行**組員。

長：奪得勝利。離開里約熱內盧時，他又多記上了幾筆斐然的成績，最後以三十九個世界紀錄和二十一面奧運金牌，為個人職業生涯劃下句點，其中**五面**金牌還是那一年奪得的。

然而二〇一六年最吸引我的故事，卻不是菲爾普斯的五場奪冠賽事，而是他**輸掉**的那一場：一百公尺蝶式。[6]不用多說，蝶式向來是菲爾普斯的強項，連續三屆奧運冠軍得主都是他。但是一位奧運泳池的新人泳將，卻讓他的連勝紀錄止步，這名泳將就是新加坡籍的斯庫林。

二〇〇八年，斯庫林還是一個臉龐紅潤得像蘋果的十三歲男孩，當時住在新加坡的他拋下家庭作業，衝到當地的鄉村俱樂部，只為見偶像菲爾普斯一面。[7]兩人拍了一張斯庫林珍藏多年的合照，之後斯庫林開始認真練習游泳，搬到美國後甚至找來了最頂尖的教練，開啟了長達近十年的密集訓練。

二〇一六年和菲爾普斯一起跳進奧運泳池時，他完全沒有獲獎紀錄或頭銜，脖子上也還沒披掛金牌，但他具有十倍願景圖的動力——他非常清楚自己要的是什麼：

那就是比他的童年偶像更快抵達終點線。

鳴槍不到一秒，斯庫林已暫居領先優勢，並在四十九秒後摸到牆，而且——我最愛的部分來了：他不僅贏得了比賽，我們還看得出在稍縱即逝的那個瞬間，斯庫林在**等待**菲爾普斯追趕上來。

斯庫林沒有奧運獎牌，不是遠近馳名的選手，更沒有世界紀錄，卻有一項優勢：瘋狂清晰的願景，那就是有天能擊敗奧運史上最強泳將。

企業家夢想的四大元素

對奧運選手而言，他們的十倍願景本來就很清晰：率先跨越終點線、舉起更多重量、跳得更高更遠、拚到更高的分數。

但是企業家需要協助，才能讓夢想變得清晰。

以下是企業家夢想的四個明確元素，這四大元素要夠詳盡，夢想才可能化作清晰的十倍願景圖：

- 團隊
- 一門事業
- 帝國
- 生活方式

團隊

為了實現夢想，辦公室內要有誰與你作伴？你需要誰加入你的團隊，幫你執行瘋狂的構想？你需要董事會嗎？需要的話，要有幾位董事會成員？對象是誰？

我喜歡思考賈伯斯嚴格篩選的「頂尖一百名單」。

賈伯斯會和一百位最重要的人士開閉門會議（通常是蘋果員工），這些人能替他實現最狂計畫。據傳，這群頂尖人才就是蘋果公司的魔法原料，賈伯斯每年都會找他們進行為期三天「本來不存在」的會議。[8]（我好難想像他們在會議上說了什麼！）

如果你夢想夠遠大，就會需要一組屬於自己的團隊。不過團隊裡要有誰？

一門事業

我參加會議演說時，都會問新手企業家擁有幾間公司，他們的回答通常是「我有三間（或四、五，甚至更多）」。我很欣賞他們的熱忱，問題是他們沒有給自己時間，來努力變身成某領域的世界級高手，例如賈伯斯有蘋果電腦，雅麗安娜・哈芬登（Arianna Huffington）有《哈芬登郵報》（*Huffington Post*），比爾・蓋茲有微軟，藍恩有企鵝俱樂部。

這些人都把個人能量傾注在一門事業，並從那裡起步茁壯，重點在於：他們都是先累積技能、人脈、現金、人才和其他資源，才投資其他領域。舉例來說，特斯拉老闆馬斯克一直都是工程師，他從來沒有試著一邊當工程師，一邊治療癌症或當戰場將領等，而是專注於人生的某個領域，累積才華，**然後**轉用於整個帝國。

我希望你做大夢，夢想變身數間公司的帝國王者，但是打造十倍願景圖時，別忘了先專注於一間公司，在讓你熱血沸騰的領域成為世界第一把交椅後，再投資全新的機會。

帝國

想像（並且能清楚描述）一門事業之後，**接下來**就要思考你的帝國。同樣地，帝國的**基礎**應該建立在生產象限的核心技能。

你有什麼產品？你跨足不同產業嗎？你是幾間公司的投資人、某間公司的執行長嗎？它們是否有共通的目的或使命，還是互不相關？你參與了什麼樣的慈善活動？

我朋友布萊恩・斯庫達默（Brian Scudamore）最開始是經營垃圾清運公司1-800-Got-Junk，等到公司拓展為大規模企業（如今是三億美元資產的公司）後，他又展開O2E居家服務品牌，揭開了偉大帝國的序幕。布萊恩運用他在經營垃圾清運公司時累積的眾多點子和技巧，現在擁有好幾家連鎖加盟企業，譬如WOW 1DAY PAINTING（粉刷公司）和Shack Shine（清潔公司）。

綜觀考量整體帝國，你就能考量現在需要怎樣的團隊、需要建立什麼人脈和網絡、未來需要擁有哪種個人發展。

生活方式

想像一下時間快轉到夢想實現的未來十年。在那個場景中到處逛逛，讓它融入你的血液，用嗅覺、聽覺、視覺一起感受。

請問你正在做什麼？你是狂熱的跑者嗎？是否正在為鐵人三項進行特訓？正和孫子共享天倫之

樂？住在巴黎？工作之餘都從事哪些活動？每年去度幾次假？是否環遊世界？還是在幫助市中心貧民區的年輕人？你都是怎麼度過假期？和誰在一起？有哪些嗜好？都用什麼方法為自己充電？

這只是一種暖身操，但我所說的「生活方式」，是包括所有你想像得到的事物。你可以發揮瘋狂的想像力，也許你想在美國四個不同地區擁有四個家，當作個人的春、夏、秋、冬宮？夢想多瘋狂都無所謂，盡情發揮，同時別忘了描繪細節。

願景的總和

等到你從頭到尾考量過這四大元素，就可以全部拼湊起來。如我所說，在二〇〇七年，我已經把自己的四大元素，用PDF檔拼湊成了十倍願景圖（你可以參考BuyBackYourTime.com/Resources/）。提案軟體公司創辦人凱爾利用InDesign和圖庫照片，製作出屬於他的十倍願景圖，並且設定成桌上型電腦的背景。每天早晨打開電腦，他就會看見自己的未來正回望著他：照片中有他微笑的妻子小孩、他希望擁有的大船、他想和家人共度慵懶午後時光的湖畔。

他說：「我不需要思考如何實現夢想，而是一有小機會降臨，我就會留意並緊抓不放。」光是讓構思框架躍上紙張，凱爾就能開始實現夢想。

別擔心，我們會更明確仔細解說這個部分。下一章我們會講到如何規劃暖身預備年，好讓你**今天**起就能把十倍願景圖放進人生計畫。

☑買回核心重點

1. 你需要能夠激勵自己衝向目的地的遠大畫面。企業家的身分很特殊，可以積極影響並改變世界。遠大構想能激發革新、鼓舞他人、克服你的分心，並且簡化事業決策。
2. 第一階段：打造激勵人心的十倍願景圖，第一步就是不設限地作夢。先別擔心該如何落實，不受限制地思索你想做什麼就好。
3. 第二階段：說到底，遠大夢想還是需要清晰架構。要是你能鉅細靡遺地描述目前的事業狀態，並以同樣清晰的細節描繪未來願景，你就具備了激勵、驅策你前進的願景。
4. 確切來說，企業家需要的清晰願景得具備下列四大元素：團隊、一門事業、帝國、生活方式。
5. 最重要的，就是勇敢做大夢！

思維練功場

你的目標是清晰描繪自己的未來願景圖，這同樣也得分成不同階段進行。

第一階段：放膽做夢。我建議你單獨散步、和伴侶聊天、讀幾本勵志書，或者和指導老師交談。放手讓自己做夢，想像一下如果沒有極限，你想達成什麼目標。

第二階段：深入細節。一旦有了遠大夢想的框架，你就能開始詳細精確地描繪夢想。拿出一支原子筆、畫筆或平板電腦繪圖工具，開始繪製、寫下你的未來大夢。千萬別忘了加上團隊、一門事業、帝國、生活方式。

還記得第一章提到的願景板製作訣竅吧？可以使用這項訣竅，踏出第一步！

第十四章

打造人生腳本的暖身預備年

寫好劇本不在於給未來設限，
為想像找好路徑、設定範圍，
才能用理想的姿態自由發揮。

《與成功有約》的作者史蒂芬・柯維，某次親自示範了廣為流傳的「大石頭」比喻。

柯維邀請一位成功女強人上台，詢問她身為國際公司執行長的工作內容，然後朝一個水桶內倒入幾百顆小卵石，告訴她小石頭象徵著維繫她目前事業成功的必備任務。接下來，柯維請她把幾塊大石頭裝進水桶，每塊石頭上都貼著一張標籤，寫著：「假期」、「家庭」、「心靈成長」等。

她想方設法把大石頭放進去，有好幾顆卻怎樣都塞不進去。

這時，柯維遞給她一個一模一樣的全空水桶，她先是裝進大石頭，**接著**才把小卵石放進去。神奇的是，這次石頭全放進去了。同樣的水桶、大石頭和小卵石，結果卻截然不同。

這兩個水桶，象徵著兩種不同的策略。當你先把小卵石裝進生活中，通常就無法為人生最重要的事預留空間，但要是你先從大石頭開始，往往就能更輕鬆地把小卵石塞進縫隙。

別錯過大石頭

在最後這章，我會幫你把人生中的大石頭裝進你的「水桶」，讓你不會錯過最重要的人生時刻。

如果你不為大石頭超前部署，遭殃的就可能是周遭的人。而不應用買回原則的企業家，最後電子郵件就會爆炸、超時加班，或是不能和家人共度週末，你會在拚搏事業與家庭之間兩頭燒，然後深陷難關。當你錯過一顆本該排進行事曆的大石頭，最終就會熬夜加班、錯過孩子比賽、晚餐和其他重要活動，只為執行本來可以主動出擊的待辦事項。我之所以知道，是因為我之前也是這樣。某一年，我碰巧去了父母家附近的區域，於是就順便登門拜訪。我媽說：「丹尼！真開心看到你，你是特地回家，今晚帶爸出門吃生日餐嗎？」

「對啊！」我滿臉通紅，接著馬上給我爸一個擁抱，但為時已晚——他已經看見了我的表情，明白兒子根本忘了他的生日。

在第八章，我們講到規劃完美一週，只要採用主動出擊的手法，就能擺脫許多人生雜事，專注在最能讓你振奮和賺大錢的事。

同樣的策略可以擴大運用，拿來規劃一整年，也就是暖身預備**年**。

暖身預備年正如其名，是主動規劃未來一年的手法。類似於完美一週，有了暖身預備年，你就能主動出擊、決定自己支配時間的方式，而不是由他人主宰，只能被動反應。

從十倍願景拓展至大石頭

正如柯維所說，大石頭是你應該算進暖身預備年的首要元素。很顯然，主要的大石頭不外乎是家庭、信仰、朋友，這些**全都要**放進去，但別忘了另一個也很重要的要素：你的十倍願景圖。

我們必須把十倍願景圖拆解成依次行動的小步驟，而且一定要加入行事曆。所以，在開始為你規劃暖身預備年之前，我們先來看看你的十倍願景圖，並往前推演回今天。

A. 設定檢查點

你的最終目的地，必須謹記在心：你的十倍願景圖。現在就往前推算，從目標推回不同的檢查時間點，然後再推回到今天。做法是你必須先有個概念，知道**何時**會實現十倍願景圖。如果你覺得是今天起的十年後，那就往前推算五年、三年，然後是一年時的樣子。

每個檢查點都要將四大元素納入考量：團隊、一門事業、帝國、生活方式。

我同事藍道爾的願景，是擁有一間規模完善的媒體公司，出版書籍、設計出虛擬角色的共享宇宙、推出動畫電影。

於是他往回推至願景實現的五年前，發現這時他需要寫出數十部虛構小說、完整發展角色虛擬宇宙，並開始製作至少一部的動畫電影。在願景實現的三年前，他必須至少創作十本書、五部圖像小說，以及建立電影贊助金主的人脈。在開始實現願景的一年之內，他則必須出版一本書、發展出五至十個新角色，然後和媒體、金主展開交流。

接下來，他就要來構思策略。

B. 列出下一個檢查點的策略

等你思考清楚每個檢查點需要的元素之後，就能開始腦力激盪能夠帶領你邁向第一個檢查點的策略，並依序抵達所有檢查點。

如果想破頭還是毫無頭緒，不知道應該如何跨出第一步，可以和幾個事業導師分享你的十倍願景圖，請他們提出想法，以及接下來如何抵達第二站、第三站等。製作一份包含各種點子的長清單吧。不要太嚴格審視自我，這只是腦力激盪的階段，沒有所謂不好的點子！

我們現在講回藍道爾，假設下列是他抵達下一個檢查點的三大策略：

- 在LinkedIn網站和媒體大亨連上線。
- 飛到洛杉磯參加媒體會議。
- 拜訪迪士尼、索尼、環球影城的高階主管，懇請忠告。

當然，經過有效的腦力激盪，你想要的策略可能遠遠超過三種。直接列出十至二十項，這能讓你的下一步變得更簡單。

C. ＩＣＥ分數策略

列完策略後，接著就得為每一項打分數，以縮小可立刻採取實際行動的範圍。

我喜歡運用ＩＣＥ法，為每項策略打分數，滿分是三十分。

- 影響力（Impact；一到十分）
- 信心（Confidence；一到十分）
- 簡易度（Ease；一到十分）

影響力與金錢息息相關：某項策略會對今日的收益，產生哪種財務影響？（注意：「影響力」的意思是「正向影響力」，如果是**低分**，表示策略對當下的財務收益影響力很低，或可能造成**負面**收益效應。**高分**則代表該政策可能很快能造成財源滾滾的效應。）

信心只是一種心靈探問：對於這項策略能否成功，我有多少信心？如果你有百分之百成功的信心，那就是十分；如果你覺得必須向神禱告，就是一分。

簡易度：你覺得實施這項策略有多簡單？如果易如反掌，就是十分。

就藍道爾的案例來說，他的ＩＣＥ分數可能如下：

- 在LinkedIn網站和媒體大亨連上線（二十三分）
- 飛到洛杉磯參加媒體會議（二十分）。
- 拜訪迪士尼、索尼、環球影城的高階主管，懇請忠告（十六分）。

每項策略都打完分數後，從中選擇兩項（也許是兩到三個分數最高的策略），當作你這一年的「大石頭」[1]。有了這些大石頭，你就已經做好萬全準備，可以把它們加入這一年的重大人生事件。

接著，我們就直接來規劃暖身預備年吧。

你的暖身預備年

我要大力感謝《百萬美元教練》（*Million Dollar Coach*）的作者兼首席執行長塔基．摩爾（Taki Moore），

1 作者注：想知道更多關於ＩＣＥ法的計分資訊，請見BuyBackYourTimeBook.com/Resources。

還有我的好友戴爾（他在第八章有戲份），感謝他們協助我研發出暖身預備年。我借用他們的概念，每年十二月為隔年製作暖身預備年：

大石頭優先

首先，我會優先加入最重要的人生活動，也就是我的大石頭，這樣一來就不會錯過重要生日、紀念日、全家假期，或是重要的事業活動。當然，我也會加進以ＩＣＥ法計算後選擇的策略，要是沒意外，一切都會按照計畫進行。

海軍上將威廉．麥克雷文（William H. McRaven）在他的著作《想成功，先學會摺棉被》（*Make Your Bed*）中建議，如果一起床就摺好棉被，你就已經完成了一項任務，即使這天過得慘不忍睹，晚上還是能回到溫暖整齊的床鋪懷抱。

先為隔年裝進大石頭（畢竟我十二月就排好了暖身預備年），就等於為隔年完成了一大任務。我也會知道，即便未來一年諸事不順（就像大多數人的二〇二〇疫情年），我還是能回到家人身邊，和他們共度最重要的約會、節日、慶祝活動。

你人生的大石頭有哪些？

說到個人生活方面，答案大概呼之欲出：紀念日、假期、婚禮、生日。

換作是事業，大石頭就是未來這一年中，最**不容**錯過的三至五種活動，因為大石頭可能讓你收割豐碩果實。這因公司而異，對某些企業家來說，大石頭可能是幾場重要會議、兩場網路直播活動、完成個人著作、製作全新軟體專案、執行重大市場宣傳、建立全新合作關係等，只要確定不漏掉刺激公司成長的關鍵事項就好。這樣一來，你就不會不小心撞期，錯失大好機會。

分批組裝小卵石，集中成大石頭

如果有其他每年必須完成的重要活動，可以分類集合成一顆顆大石頭。

例如：

- 你是否每年都需要和VIP客戶聯絡感情兩次？每隔六個月就安排兩天，專門和那些客戶互通有無。
- 你是否應該觀摩所有國際辦公室？安排一場為期一個月的世界馬拉松巡迴，參觀各辦公室。

當你把類似活動全分類串在一起，就會變成一顆顆大石頭，輕輕鬆鬆裝進你的暖身預備年。這樣一來，安排妥當的活動會如期發生，你不會再有心理負擔，這些事也不會占用你執行重要公事的能量。

不忘保養

戴爾有講到一點：運動選手會預先防範脫水導致的身體機能衰竭，因為他們很清楚，等到身體開始感受到脫水，他們的表現力早已降低了二〇%以上。所以與其等到口渴才補充水分，他們會趁早喝水、休息、補充能量，保持最佳狀態。

思考一下你的能量通常會在何時下降，只要主動「進廠維修保養」，就能一整年都保持最佳狀態。例如，如果你知道你每隔幾個月，就需要一場季節性的週末小旅行，不妨把旅遊算進你的暖身預備年。或者如果你在漫長會議後需要休息，可以在每次會議後加上三天的週末休假。我每次都會在重大活動後安排放兩天假，好好為自己充電。

丟進小卵石

把最重要的活動填入行事曆後，接下來就可以裝入重要性次之的活動，也就是很重要、卻不是最關鍵的活動。小卵石指的就是經常發生的活動。

就個人生活層面來說，小卵石可能包括週末約會夜、週日上教堂、週四參加保齡球聯盟等活動。

至於事業方面，小卵石可能是推出全新軟體，或公司召聘重要職員、定期進行的一對一面談、每季度的董事會議。

現在，你應該已經填滿了一部分暖身預備年，大石頭安排妥當後，你已有好幾週的時程要忙。當你把小卵石組裝成大石頭後，就會發現行事曆又填滿一大部分。等到你再加入個別小卵石，行事曆已差不多滿了九〇%。

別忘了壓力測試

你得為你的行事曆進行壓力測試。

試想每場活動帶給（或奪走）你的能量、金錢、時間。檢視暖身預備年時，我會小心揪出可能產生衝突的活動，也就是時間太接近的活動。例如，我絕對不會在重要商務會議前安排全家度假，因為我知道商務會議需要耗費能量，這可能會讓我跟全家度假時心不在焉，所以我都是等到會議結束才安排全家度假。這時我的能量進入休耕期，而我也能全神貫注和家人相處。

最後仔細查看你的行事曆，問問自己這個重要問題：

要是我實現了暖身預備年的計畫，是否會有感：「媽呀！**這一年**也太棒了吧？」如果答案是「會」，你的暖身預備年就沒問題。

如果答案是「不會」，你就得重新改寫計畫。

首先，我們來剖析問題。

目前的暖身預備年，是否會讓你喘不過氣？看看哪裡可以安插休息時間，像是長週末、在家附近度假，或是和另一半浪漫旅行等可能有助放鬆的活動。

目前的計畫是否看似難以執行？想想你完成任務需要動用哪些資源，也許你需要加入健身房會員、購買某個軟體、再買一輛車。若想要計畫順利進行，你可能需要很多不同的工具。你可以取得這些工具嗎？如果可以，為資源的準備設定期限；如果不行，可能就得調整計畫。

計畫是否讓你激動振奮？如果計畫無法讓你感到興奮，也沒讓你一早就想立刻跳下床，那就得重新調整——至少加入一個大膽賭注，某項能讓你充滿能量的活動。

實踐你的承諾

行事曆排定之後，不要違背你對自己做的承諾。你已經決定好什麼事最重要，現在照著行事曆執行就對了。為了力求最高表現，騎師會幫馬戴上眼罩，戴上眼罩的馬兒會在賽道上專注奔馳，只為最重要的事（也就是最後得勝）預留能量。

當然，你畢竟不是馬，無論是私事或公事，都可能冒出意料之外的機會，你可能會需要調整時程，配合那些時機。

每當人生中出現意料之外的機會，我都會和老婆採用簡單測試，決定這件事是否值得我們偏離計畫軌道。我們會問彼此：「這會是『一定要的啊！』的好機會嗎？」如果是，我們就臨時改變計畫；如果不是，我們就保留原定計畫。整體來說，我們大概只有五％至一〇％的時候會改變行程。

還記得我收到朋友來信邀約，一起去瑞士和布蘭森滑雪的事嗎（詳情請見第三章）？那次就是百分之百的「一定要的啊！」的機會，最後我當然去了！

時間，想擠就有

大石頭的比喻歷經多種版本的更新，在另一支廣受流傳的影片中，某教授先把高爾夫球放進碗中，接著和柯維一樣裝進小卵石，但在這個版本中，教授繼續倒入了沙子，最後還倒水進去。[3] 該版本教會我們另一個寶貴課題：應付小事，絕對擠得出時間。

我有很多個性富有創意的朋友擔心，要是使用暖身預備年，他們就無法隨性自在地生活，但我要告訴你一個祕密：要是你已經規劃妥當，就有隨性自在的餘裕，也更有發揮創意能量的空間。

容我解釋一下這句話的意思。

創新策略師尚恩．凱農戈（Shawn Kanungo）最近和我的團隊通話時，脫口而出一句話：「阿丹產能超高，他製作**超多**內容。」[4]我確實常常更新內容，雖然不少都是經過預先規劃，但我一有空就會發布Instagram貼文，和死黨騎登山車橫跨加拿大，還會找時間做其他計畫之外的小活動。

我之所以能隨性從事這類活動，是因為我還擠得出時間。我可以問心無愧地參與隨機出現的活動，是因為我知道我的大石頭、甚至是小卵石已經妥善安排，計畫會按照預期進行。要是哪個週五正好空下來，我知道我可以去騎登山車，也不至於犧牲老婆的生日、兒子的足球賽，或者公司的會議。

這就是暖身預備年的美妙之處。你會找到更多時間，享受人生最美好的時刻，而且心裡很清楚重要的活動早就安排妥當，而你問心無愧。

*

二〇〇七年，我為人生打造了一幅十倍願景圖。

我知道我想成為創意提案者，投資世界數間擁有頂尖員工的公司，尤其希望在不同公司之間走跳，和我公司內部的各大主管審核有效的策略決定，解決重大市場問題。

要打造出這種帝國，我知道我需要一組數位團隊，成員跨越全球疆界，在網路上會面。我希望與主管和董事會安排緊湊會議，為了實現這個目標，我想像了某種數位會議室，一間公司和我開會半個鐘頭，另一間則在排隊等候。

二〇〇七年還沒有數位會議室，但我不管，照樣在願景板上繪製出我的想像畫面，即使當時我還沒完全想通該怎麼做，畫出來仍能賦予我一種真實的感受。

多年後，有人開發了數位視訊會議，Zoom也有了我之前想像的虛擬等候室。

我並沒有在一開始就自問「這有可能實現嗎」，而是單純寫出我的「瘋狂」構想，然而十年不到，這個想法已經活生生實現了。多虧做夢、預想，最重要的是**規劃**，我最瘋狂的構想果然成真了。

我希望你的夢想也能實現。

截至目前，你所讀到的一切會引導你走到這一步，也就是規劃你的下一個重要行動。現在就做大夢，清晰描述，並且規劃未來的一年吧。

☑買回核心重點

1. 善用暖身預備年，規劃最重大的行事曆活動（也就是大石頭），你不僅能裝進大石頭，還容得下其他重要活動，甚至是生活中的小確幸。

2. 雖然有違直覺，但你的行事曆規畫安排得越充實，也越能享受到隨性自在。
3. 不要三心二意，未來一年規劃完畢，就不要常常打破原定計畫。
4. 你可以運用暖身預備年，實現你的十倍願景圖，並設定五年、三年、一年的目標。
5. 如果突如其來的機會降臨，而你在考慮改變原定計畫，就問問自己：這是不是「一定要的啊！」的好機會？如果是，就值得改變計畫；不是的話，還是按照原定腳本走。

思維練功場

多虧戴爾和其他人，我才能製作出暖身預備年的模板，模板在BuyBackYourTime.com/Resources上，歡迎自行下載。套用這個模板，製作屬於你的暖身預備年，幫助你思考清晰，貫徹實施。

現在就去實現你的遠大目標吧。

總結

把人生買回來

買回時間真正的目的，
是用你本就擁有的財富，
打造你本該享受的人生。

我的目標，是打造一個不需要假期的人生。

——美國心理勵志書作家，羅伯．希爾（Rob Hill）

我的買回征途有一個非常奇怪的起點：洗衣。

二十多歲時，我住在紐澤西州帕西帕尼（Parsippany），沒日沒夜地經營球體科技公司。我不是天才，也還沒有發展出「別為了拓展事業雇人，而是雇人幫你買回時間」的成熟概念，但我已下定決心，自己需要更多經營事業的時間。於是我檢視了花費寶貴時間的活動，結果你猜是什麼？打掃和洗衣。

而且，這兩件事我都不是很喜歡。

雖然似乎有點奇怪，但我一開始確實是透過付錢雇人幫我打掃房子、洗滌摺疊衣物，藉此買回我的時間的。

結果一天空出了好幾個鐘頭，我這才恍然大悟：太多人關注的重點，都是公司內部的角色、組織架構、哪份工作該由誰來做。

但我們應該關注的，應該是一份沒人能創造的資產：時間。

一旦開始套用拿錢換時間的思維，我就逐漸看見其他機會浮現。我大可親自花十小時編寫程式，但我也可以付錢請人幫我寫程式，然後把這十小時拿來拚事業。我可以自己製作網站，也可以付錢請一個（比我強的）網站開發員幫忙，多出來的時間拿來和孩子相處。而這一切的源頭，都是從打掃、洗衣、摺衣服開始。

如今回首，我也明白我的決定會直接對他人造成正面影響：家庭清潔工接下新客，洗衣人員也有新顧客，這意味著他們日後也能拿**自己**的高薪，買回**他們的**時間。

這就是啟動買回原則的美妙之處——形成不斷擴散的漣漪效應。

等到你慢慢理解買回原則的力量，各種機會就舉目可見——整理庭院、人力管理、行政工作、簡單任務、複雜計畫案。

還記得我找來超強麗莎幫我整理郵件嗎？

你覺得付錢請人幫你查看電子郵件，聽起來有點奇怪？或許吧。但這是買回原則教我的另一課：讓他人走進你的生命。我不熟悉約會守則，但我常聽到戀愛專家說要向對方「敞開胸懷」，而這個忠告在事業上也很受用。

從雇用行政助理乃至爬上取代梯，如果你想要享受買回原則的所有好處，就得讓其他人走進你的生命。

舉個例子，我把買回原則升級到了另一個層次，現在我有一個家事管理員，顧名思義，她就是我的居家行政人員，專門幫我管理家裡大小事，包括洗車、加油、接小孩放學等工作。

她的工作職位很類似我公司的行政助理，或是取代梯的任何一階，而家事管理員能幫我買回時間。

現在，我只會嘗試從以下兩件事中挑一件做：和我心愛的人相處，或是在公司內部發揮創意。就這樣。

請人支持、協助你的事業是一回事，但說到私人生活，大多人會想，還是算了吧……

讓外人進家裡，感覺隱私受到侵犯。

別人會覺得我付錢請人打掃，太虛榮了吧。

我自己就能打點所有事了。

說到底，這是我自己的責任義務啊。

以上藉口我全聽過。

我朋友曼蒂和史蒂夫擁有一座迷你事業帝國，財庫豐厚。但上次我去拜訪他們時，曼蒂人卻在屋外，頂著大太陽整理庭院。也許她是想活動筋骨，或是享受戶外活動，但就我的猜想，她可能純粹把這當作她的分內工作。

我自己就**辦得到**，而且我有時間，有什麼好不自己做的？

我懂，可是我們沒有發現一件事，那就是如果我們明明出得起一筆錢，卻不願付錢請人幫我們，就等於剝奪了他們的薪資。為何要這麼自私？

別誤會我的意思，我明白做家事能培養一個人的責任感，這也是為何我不准家事管理員貝蒂善後兒子造成的髒亂，她不是他們的員工，而是我的員工。我的孩子必須學會自行承擔責任，但我已學會具備責任感，我相信你也是。

此外，我一定得告訴你：擁有家事管理員實在太酷了。

每天下午四點，貝蒂會準備一杯高蛋白飲，送到我的居家辦公室。我抬起頭、露出微笑，對她說聲謝謝，因為每到下午，會議和忙碌的行程常常讓我飢餓易怒。

這個時間點，我通常都在開視訊會議，處理某樁幾百萬美元的交易案。我會發現她偷溜進辦公室，接著連頭都不用抬，直接伸出手，貝蒂就會把高蛋白飲塞進我手裡，因為她很清楚我的慣例。

這就是我們的約定：「每天下午四點鐘，幫阿丹準備高蛋白飲。」

這也是你可以和家事管理員培養出的生活慣例。知道每天工作的最後一個小時，我不必刻意停下來找食物充飢，幫我省下了不少腦力與時間。

貝蒂也遵守其他的簡單規則（容我向你揭露最真實的阿丹！）。例如我很喜歡使用牙線棒，你知道吧，就是那種一頭有牙線、另一頭是尖牙籤的塑膠棒。還有，我不能沒有我最愛的口香糖品牌，所以貝蒂會確定每間房間、每輛車裡都有一個袋子，裡面裝著全新的牙線棒和一包我最愛的口香糖，並且每晚都能在床邊看見一瓶等著我的新鮮純水。最後，我已經好幾年沒自己加過油，甚至洗車。

我和家人出遊時，貝蒂也會確保我們的旅途輕鬆自在。她會比我們早出發，備妥所有大小事，不會讓我們手忙腳亂，因為她擁有安排各種事項的教戰手冊。

就像賈伯斯只穿他最赫赫有名的高領毛衣，我也是在擬好約定後就不再多想。我對自己家的心態，和我經營事業的心態一樣。幫汽車加油的時間，大可用來和孩子相處；打掃房子的時間，大可用來經營管理事業；結付款項的時間，大可拿來與老婆共處。有了家事管理員，我就能做出最好的選擇。

也許你目前還沒走到這一步，或者覺得還很遙遠，你也無須第一步就請家事管理員，但我可以告訴你：當你最後請到了家事管理員，就能省下大把時間。

環顧四周，看看有什麼機會，讓你能從今天開始就買回時間，可以考慮打掃、汽車保養、備餐、打理後院等事。只要花少少的錢，就能把這些耗時工作移交他人。

你想要怎樣的人生？

買回原則不是做過一次就結束，而是一種哲學，需要你不斷**審核**自己支配時間的方式，思考如何**移交**耗時又低產值的任務，最重要的是從事讓你振奮又賺錢的工作，**填補**多出來的時間。

要是運用買回原則得當，最後你不只能尋覓到更多賺錢機會，而能不斷升級人生目標，將你不喜歡的任務移交給樂意接手的人，轉而投資自己的人生。

二〇一三年，布萊恩．波爾茲科斯基（Bryan Borzykowski）在BBC網站發表文章〈退休要人命？〉[1]，文中引述的研究提供了驚人的答案。一辭去工作，開始過著傳統退休生活的那一刻起，你就：

- 有四〇%的機率得到憂鬱症
- 有六〇%的機率開始服用處方藥
- 有六〇%的機會診斷出至少一種身體疾病

一旦停止生活，你就開始邁向死亡。而我的計畫正好相反：我要積極用力地生活，好讓死神追不上我的腳步。但要是我退休了，就無法做自己熱愛的事，而是不得不放棄我的熱愛。

上一次參加夫妻靜修活動時，我老婆向我提出一個小問題：「你覺得你的退休生活會是怎樣？」

我回答：「寶貝，妳現在看見的，已經是我的退休生活了。」

我不是天才，但我已經開始效法歐普拉、巴菲特和布蘭森。我學會應用買回原則，現在仍在學習新方法，挑戰自我，升級我的思想、時間、事業。買回原則讓我今天就能過上我想要的生活，所以我沒有退休的計畫，我也從來沒想過。我的計畫是持續買回時間，應用買回原則，繼續享受人生。

我不想脫手賣出公司並且退休，只為了在義大利無所事事三個月。我今天就能去義大利三個月，邀請我最欣賞的人（我的合作夥伴和員工）一起合作，盡情發揮每個人獨特的技能和才華。我的事業允許我（或應該說「鼓勵我」）善用個人技能，和我欣賞的人一起解決實際問題。

例如為了完成這本書，我在加拿大洛磯山脈租了一間小木屋，和我的廣告撰稿人克里斯一起工作。幾週前，我的攝影師山姆前來拜訪，完成影片拍攝後，他在我租的小木屋待了幾天。如同每個週四夜，本週四我也會和世界最美麗的女人（我老婆）來一場約會夜。我和往常的每週一樣，跟朋友騎登山車，花時間和兩個兒子相處。我也喜歡泡熱水澡，所以一天會花一個鐘頭泡熱水澡，同時放鬆讀書、補充新知及新潮想法。

要是能過著這種生活，為何要退休？

我誠摯邀請你，別坐等退休，才來打造你想要的人生。

嚮往的帝國

當你在生活中套用買回原則，你就找回了生產量能。我能拍胸脯保證，第二章找到買回率的那一刻起，你就可以開始發揮創意思考，想辦法為自己找回更多時間。

越是運用學到的原則，你找回的時間就越多。

應用買回原則，你就不需要（或不想要）退休，而是有更充足的**餘裕**，創建你夢想中的帝國。

應用買回原則，你工作時就會充滿活力，擁有更多打造夢想帝國的**能量**。

應用買回原則，你一週內空出的時間更充裕，並且會有**好幾天**的時間，可以建立你的夢想帝國。

還有別忘了：利用十倍願景圖，**真正**做一場大夢。

我計畫好好活到百歲。從二〇二二年走到百歲，我大約還有六十載光陰，而我可以在這段期間內，持續建立**偉大**帝國。

別再規劃六十五歲就正式打卡下班，開始思考**未來**六十五年你可以創造什麼，就像肯德基創辦人桑德斯上校（Colonel Sanders）說的：「工作就是生活的根基，我完全不打算退休。比起勞累，一個人腐朽的速度更快。」

要是你沒有退休的打算，那你還有大把時間，可以執行生產象限的工作。

- 如果你擁有一家汽車維修廠，而你可以拓展事業，在國內各大城市開設連鎖加盟公司，會是什麼情況？
- 如果你是律師，而你的電話號碼登上每個主要高速公路的看板，你覺得看起來如何？
- 如果你是房地產開發業者，而你打造出幾百億美元的房地產投資組合，會是什麼**感受**？

開闊眼界絕非一、兩天就能達成，我很清楚，畢竟剛開始，我哥哥皮耶也還在揮舞那把過時的鐵鎚。他來找我幫他打造事業時（前面章節講過的馬特爾客製宅），我出的第一份任務，就把他嚇壞了。

我告訴皮耶：「拿出加拿大數位地圖，在簡報上標示出你希望公司擴點的主要大城。」只蓋過幾棟房屋、銀行戶頭還只剩二十七美元的他瞪著我看，似乎是覺得我瘋了。

可是他辦到了。

現在，皮耶在四座城市設有辦公室，蓋了幾百間房屋，獲獎無數，並且正在累積及建立他的房地產投資組合。他在地圖上標示出地點，就等於為自己的夢想安上雙腳，把希望變成了實際目標。現在換**你**實現願景了。我不希望你讀完這本書後默默放下、什麼都不做，我要你**現在**就開始採取行動。

還記得第十三章的十倍願景圖練習嗎？製作十倍願景圖的用意，絕非放在谷歌雲端硬碟中占空間、積灰塵。

現在就踏進你的願景圖吧。

先讓你的大腦熱熱身，準備捕捉打造夢想人生的機會，並允許你以過去想像不到的方式，盡情想像自己可能成為的樣貌。以下是一個快速的練習，能夠讓你**現在**就展開全新人生：

第一步：想像自己坐在電影院。請描繪出所有細節，像是螢幕尺寸、舞台、眼前一排排的座位。現在電影開始播映，你開始觀賞這部**由你主演**，活出十倍願景人生的電影。在電影中，你每天都精神抖擻地起床，打造屬於你個人的帝國，全神貫注從事生產象限的工作。事業進展順利，有自己的教戰手冊和A級員工，有助理幫你管理收件匣和行事曆，還有家事管理員幫你打理家裡，你則以變革型領導人之姿現身。除了你，沒人能掌控你的人生。

第二步：現在，從電影院的椅子站起來，走向螢幕，踏進十倍願景的生活中，用心體會，以五感去體驗。聽著大家交談、歡笑、鼓掌叫好的聲音，感受身上穿的衣物布料，嗅一嗅芬芳的空氣，感受舌尖的味道，再現你十倍願景圖中的要素，包括臉部表情、肢體動作，甚至是加速的心跳。（現在你的神經應該有如煙火綻放，因為你的願景圖有了生命！）

第三步：關於想像畫面，有件事大概沒人告訴過你：你的大腦會開始抗拒你看見和感受到的東西，並且開始飄向負面思想，或是聚焦在你的願景要**如何**實現（更常見的，是告訴你不可能實現），畢竟感覺實在太遙不可及。在這裡，我要你對自己重複這句話：「謝了，但不用操心。」

我要怎麼計劃執行？→「謝了，但不用操心。」

我朋友會怎麼想？⟶「謝了，但不用操心。」

會很辛苦吧！⟶「謝了，但不用操心。」

整個流程通常不需要十分鐘，結束後睜開眼，繼續度過這一天。如果培養成日常慣例，你就會驚訝地發現，人生出現了驚人的進展。

瑪莉安．威廉森（Marianne Williamson）在她的暢銷熱賣大作《愛的奇蹟課程》（*A Return to Love*）中說：「局限自我對世界不會有好處，為了不讓他人沒安全感而刻意縮小自我，並不能啟蒙世界。」

「局限自我能力」對你、你深愛的人或任何人際關係都沒有好處，只可能教會他人也局限自我。但要是局限自我，你就無法發揮全部潛能，更無法成為你可能成為的那個人；局限自我，你就剝奪了世界享受你天賦的權利。相反地，你應該儘可能發揮個人能力。

你讀完這本書，就等於選擇進行一場偉大的賽局，去實現更遠大的自我、過著格局更寬廣的人生。畢竟如果連你都不這麼做，還有誰會？

附錄

你該重視的人生七大支柱

我的客戶奧斯汀曾告訴我，他剛開公司時拋棄了很多身為丈夫和父親的責任，但他同時也補充，自己這麼做全是為了家人。「我告訴老婆，接下來四年，早上孩子起床時我都不在家，也不會回家吃晚餐。」他還跟老婆說：「我要妳堅守崗位，好讓我無後顧之憂，成功逆轉事業。」

我問他為何這麼做。

「我這麼做全是為了他們。」

「不是吧。」我說：「他們從來沒要求你這麼做啊。」

他露出了有點震驚的神情。他從沒想過家人想要的是什麼，有太多創辦人都拿「我這麼做全是為了他們」充當藉口，害自己工作過勞，還賠了家庭。問問你自己：

> 要是我爬到成功的階梯頂端，家人卻不想再看到我呢？
> 要是他們太習慣我的缺席，我的存在反而變成一種打擾呢？

這就是我在未來十或二十年想過的生活嗎？

奧斯汀忽略了投資象限，只顧著埋頭苦幹，但卻錯失人生最寶貴的時刻（別忘了，投資象限的任務能讓你熱血沸騰，卻不見得能幫你賺錢，至少不是立即見效）。在這方面，你多少一定要投資時間，否則生活就失去意義了。你瘋狂追逐遠大夢想，卻得錯過眼前真正重要的小日子，例如孩子的生日、朋友的畢業典禮，或太太最愛的假日（我錯了，對不起）。

生命七柱速查表

我每週都會用這張速查表幫自己打分數，觀察個人的狀況，同時確保我在追求成功的路上，不錯過人生真正的重點。

1. **健康：健康沒了，就什麼都沒了**。很多人都是等到**身體**出狀況才喊卡（請見第一章史都華的故事）。無論你人生有多成功，都必須擁有強健的體魄。

2. **嗜好：抒壓專用**。也就是嗜好，跑步、曲棍球、在二手書店尋找初版書……你還記得這些你曾經有時間進行的活動嗎？當你跑完步、脫下溜冰鞋、放下你剛買的愛書時，你會感覺整個人煥然一新、容光煥發，心境也宛若新生。保持嗜好不只是為了自己，也是為了你周遭所有人，嗜好是維繫心

圖表十三　投資象限的時間分布

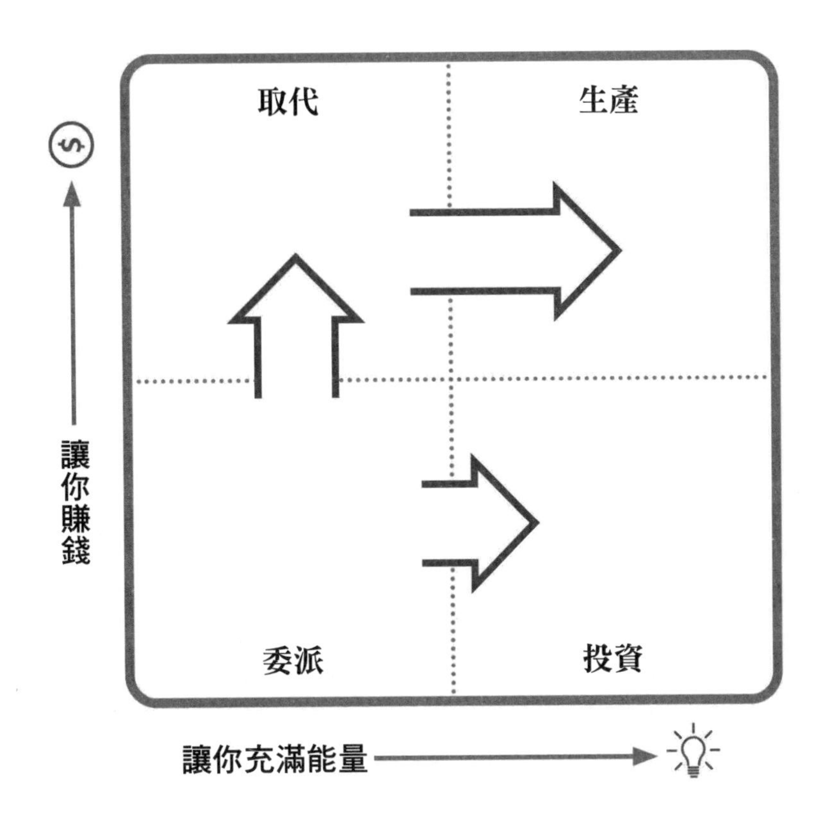

和委派、取代象限不同的是，你一定要為投資象限撥出時間。這可以讓你保持健康、恢復能量。

理健康的關鍵，沒有嗜好，你的日子會很難熬，身邊最親近的人也不會好受。

3. **心靈成長：善用能量**。這一項非關宗教，也可能跟宗教有關，重點是和周遭世界發展出靈性連結，可以進行冥想、做瑜伽、上教會。

4. **朋友：別毀了你的關係**。企業家往往都是典型的A型人格，你可能很自律勤奮、專注一致，但要是不放下工作、花時間和朋友相處，有一天你抬起頭時，就會發現在人生最重要的時刻，你形單影隻。友情就像肌肉：不花時間培養，就會慢慢消失。

5. **愛：全心全意投入人際關係**。虎頭蛇尾的人際關係沒有用。你需要在任何時刻全心全意地投入。「愛」當然包括伴侶關係和孩子，但我認為也應該延伸至每種人際連結。你在家庭、事業和生活中，享有多少愛？

6. **財務：正視錢的問題**。我知道讀到這裡你已經坐立難安，企業家（和大多數人一樣）都寧可對錢避而不談。你當然可以暫時忘卻財務問題，然而問題依舊縈繞你心底，並且會在其他方面慢慢消耗你的能量，所以還是正視你的財務問題吧。

7. **使命：莫忘拚搏的初衷**。很多人都說自己想要成功，但若反問「你覺得什麼才叫成功？」他們卻答不出個所以然，不知道為何自己的健康重要、工作重要，又或者哪件事更重要。關於你的事業，你得記住激勵你實現使命的初衷。

發展出生命七柱的理論前，我曾說「平衡全是狗屁」（這真的很誇張，我知道）。當時，我的人生哲學是一次只專注某個重點領域（譬如事業），其他全處於休眠模式。現在的我已經小有長進，知道有些生命支柱不容忽視，畢竟它們是人生的基石，要是其中一根支柱倒了，你的人生也會整個跟著崩塌。

這張簡單的速查表不能解決所有問題，卻能確保你在埋頭拚事業時，為投資象限預留一點時間。以下是我使用生命七柱的方法：**每週**為自己的這幾項關鍵支柱打分數，然後留意最低分的兩項，絞盡腦汁思索下週可以改進的方法。如果愛的分數很低，我就會（最好是加入第八章講到的完美一週！）規劃幾件能幫太太做到的小事，例如帶她出去約會、讓她某晚能夠休息，或者送她去按摩紓壓。

重點是，雖然這個系統不完美，卻能在無須中斷生活的前提下，迅速協助你將時間與能量運用在投資象限中。

致謝

沒有這麼多人的協助，這本書不可能完成。

我最最需要感謝的，是我的超級嬌妻芮妮、兒子麥克斯和諾亞。在我為了專注衝刺這本書，長時間隱居創作，並和團隊開電話會議的時候，謝謝你們給予我充裕的時間、空間和體諒。謝謝我的死黨兼事業智囊團，尼克．韓森（Nick Hansen）、馬丁．拉圖利普（Martin Latulippe）、凱斯．亞基（Keith Yackey）、布萊德．佩德森、我哥哥皮耶．馬特爾，你們是我的諮詢對象，也是這些策略的靈感來源——謝謝你們不斷和我討論書中的題材，沒有你們的回饋意見，這本書就不可能成為今日的樣貌。

再來，要謝謝我的超強團隊：隆恩．費爾德曼（Ron Friedman），我的「書籍首席執行長」，多虧他某天來電，才開啟了我這場瘋狂的旅途；感謝我了不起的經紀人露辛達．哈本恩（Lucinda Halpern），陪我經歷生出一本書的過程中必須搭乘的情緒雲霄飛車，並且不斷鼓勵我產出最好的內容；謝謝我的創作夥伴保羅．菲爾（Paul Fair），為我的文字賦予生命力。感謝克里斯．李戈迪斯（Chris Rigoudis）為了完成手稿，和我踏上為期五天的編輯之旅，幫忙修潤與回饋意見，從旁支持我。謝謝瑞奇．葛德（Rich Gould）幫我改稿、修改這本書的架構設計與範例，也謝謝他擔任我的私人創意總監，指導我各個層面。感謝諾亞·施華茲伯格（Noah Schwartzberg）和企鵝藍燈書屋（Penguin Random House）的團隊上下，毫不遲疑、全心相信買回原則。

最後，我要感謝那些多年來激勵我的人。是他們讓我知道，也許某天，我是說也許，我可以寫出一本書：謝謝克雷·赫伯（Clay Hebert）永無止盡的熱忱和創意思維；謝謝傑森·蓋納得（Jayson Gaynard）打造出傑出的作家社群，多年來不斷啟發我，讓我有天可以寫一本屬於自己的書；謝謝塔基·摩爾擔任指導師們的世界級指導師，教我利用引人入勝的視覺手法傳達構想；謝謝提姆·桑德斯寫下我讀的第一本書，讓我愛上閱讀，並在我心中埋下文字創作的種子；謝謝所有客戶和朋友信任我，讓我能在你們的人生旅途中協助你們，並協助我藉此形塑這本書的框架和構想，你們在這段過程中的信賴對我意義非凡。謝謝你們每一位，我深深感激。

參考資料

作者序：事業能載我，亦能覆我

[1] Stephen R. Covey, *The 7 Habits of Highly Effective People: Powerful Lessons in Personal Change* (New York: Simon & Schuster, 2020).

第一章：買回時間，是為了找回人生

[1] James Clear, Atomic Habits: An Easy & Proven Way to Build Good Habits & Break Bad Ones (New York: Avery, 2018).

[2] 見Michael A. Freeman等作者, "Are Entrepreneurs 'Touched with Fire'?"(prepublication manuscript, April 17, 2015), https://michaelafreemanmd.com/Research_files/Are%20Entrepreneurs%20Touched%20with%20Fire%20(pre-pub%20n)%204-17-15.pdf.

[3] Allan Dib, *The 1-Page Marketing Plan: Get New Customers, Make More Money, and Stand Out from the Crowd* (Miami: Successwise, 2018).

第二章：能量與獲利的天秤：DRIP四象限

[1] "Oprah Gail Winfrey: Star Born Out of Adversity," *Hindustan Times*, January 29, 2020, https://www.hindustantimes.com/inspiring-lives/oprah-gail-winfrey-star-star-born-out-of-adversity/story-a7NN8muJ5lLl22PaOXpFkK.html.

[2] Sarah Berger, "Oprah Winfrey: This Is the Moment My 'Job Ended' and My 'Calling Began,'"*Make It*, CNBC, April 1, 2019, https://www.cnbc.com/2019/04/01/how-oprah-winfrey-found-her-calling.html.

[3] Kaitlyn McInnis, "Oprah Winfrey Reveals the Universal Way to Know You've Found Your Life's Calling," Goalcast, October 8, 2019, https://www.goalcast.com/oprah-winfrey-reveals-the-universal-way-toknow-youve-found-your-life-calling/.

[4] 見OWN頻道, "Oprah Explains the Difference Between a Career and a Calling ｜ the Oprah Winfrey Show ｜ Own ", YouTube, October 13, 2017, https://www.youtube.com/watch?v=opNxqO70smA.

[5] 見OWN頻道，"Oprah Explains the Difference Between a Career and a Calling｜the Oprah Winfrey Show｜Own"，YouTube, October 13, 2017, https://www.youtube.com/watch?v=opNxqO70smA.

[6] Gay Hendricks, "Building a New Home in Your Zone of Genius," in *The Big Leap: Conquer Your Hidden Fear and Take Life to The Next Level* (New York: HarperCollins, 2010).

[7] 見Jon Jackmowicz等作者，"Why Grit Requires Perseverance and Passion to Positively Predict Performance" (prepublication manuscript, February 15, 2018), https://doi.org/10.31234/osf.io/6y5xr.

[8] 請見Oprah Winfrey, "A Day in the Life of Oprah,"娜塔莎・西娃—潔莉進行的人物專訪，*Harper's Bazaar*, February 26, 2018, https://www.harpersbazaar.com/culture/features/a15895631/oprah-daily-routine/.

[9] Stephen R. Covey, *The 7 Habits of Highly Effective People: Powerful Lessons in Personal Change* (New York: Simon & Schuster, 2020).

[10] Simon Sinek, *The Infinite Game* (New York: Portfolio/Penguin, 2019).

第三章：別對混亂上癮：隱形的時間殺手

[1] 參見"London's 1000 Most Influential People 2010: Tycoons & Retailers," *London Evening Standard*, https://webarchive.org/web/20110303202728/http://www.thisislondon.co.uk/standard-home/article-23897620-londons-1000-most-influential-people-2020-tycoons-and-retailers.

[2] Melody Wilding, "Why 'Dysfunctional' Families Create Great Entrepreneurs," Forbes, September 19, 2016, https://www.forbes.com/sites/melodywilding/2016/09/19/why-dysfunctional-families-create-great-entrepreneurs/?sh=391352b751df.

[3] Judy Drennan, Jessica Kennedy及Patty Renfrow, "Impact of Childhood Experiences on the Development of Entrepreneurial Intentions," *The International Journal of Entrepreneurship and Innovation* 6, no. 5 (2005):231-38.

[4] Steve Blank, "Dysfunctional Family? You'd Make a Great Entrepreneur," Inc.Africa, January 9, 2012, https://incafrica.com/library/steve-blank-why-dysfunctional-families-produce-great-entrepreneurs.

[5] Wilding, "'Dysfunctional' Families."

[6] Steve Blank, "Preparing for Chaos—the Life of a Startup," Steve Blank, April 29, 2009, https://steveblank.com/2009/04/29/startups-

are-inherently-chaos/.

[7] 請見Wei Yu, Fei Zhu及Maw-Der Foo, “Childhood Adversity, Resilience and Career Success: The Moderating Role of Entrepreneurship,” *Frontiers of Entrepreneurship Research* 39 (2019): 31-36.

[8] John Dewey, *How We Think* (New York: Dover, 2003), 78.

第五章：尋找關鍵人才的優先順序：取代梯

[1] Michael E. Gerber, The E-Myth Revisited: Why Most Small Business Don’t Work and What to Do About It (New York: HarperBusiness, 1995).

[2] Joan Acocella, “Untangling Andy Warhol,” The New Yorker, June 1, 2020, https://www.newyorker.com/magazine/2020/06/08/untangling-andy-warhol.

[3] Duncan Ballantyne-Way, “The Long-Lost Art of Andy Warhol and Its Ever-Growing Market,” fineartmultiple, 2018, https://fineartmultiple.com/blog/andy-warhol-art-market-growth.

[4] Andy Warhol及Pat Hackett編輯, *Popism: The Warhol ‘60s* (New York and London: Harcourt Brace Jovanovich, 1980), 22.

[5] Jennifer Sichel, “ ‘What is Pop Art?’A Revised Transcript of Gene Swenson’s 1963 Interview with Andy Warhol,” *Oxford Art Journal* 41, no. 1 (March 2018): 85-100, https://doi.org/10.1093/oxartj/kcy001.

[6] Acocella, “Untangling Andy Warhol.”

[7] “The Case for Andy Warhol,” The Art Assignment, PBS Digital Studios, YouTube, May 28, 2015, https://www.youtube.com/watch?v=7VH5MRtk9HQ.

[8] Blake Gopnik, “Andy Warhol Offered to Sign Cigarettes, Food, Even Money to Make Money,” ARTnews.com, April 21, 2020, https://www.artnews.com/art-news-market/andy-warhol-business-art-blake-gopnik-biography-excerpt-1202684403.

[9] ”Stephen Shore Ditched School for Warhol’s Factory,” San Francisco Museum of Modern Art, YouTube, May 27, 2019, https://www.youtube.com/watch?v=rPAGGIe4Ln0.

[10] “Andy Warhol 1928-1987,” Biography, The Andy Warhol Family Album, 2015, http://www.warhola.com/biography.html.

第六章：自我複製的方法

[1] Keith Ferrazzi及Tahl Raz, *Never Eat Alone: And Other Secrets to Success, One Relationship at a Time* (New York: Crown Business, 2014).

第七章：打造黃金教戰手冊

[1] Ray Dalio, *Principles: Life and Work* (New York: Simon & Schuster, 2017).

[2] 尼克・奧佛曼飾演理查・「迪克」・麥當勞，《速食遊戲》（*The Founder*），由約翰・李・漢考克執導（2016; New York, NY: FilmNation Entertainment）.

[3] Christopher Klein, "How McDonald's Beat Its Early Competition and Became an Icon of Fast Food," History.com, 於2019年8月7日更新修訂, https://www.history.com/news/how-mcdonalds-became-fast-food-giant.

[4] Robert T. Kiyosaki和Sharon L. Lechter, *Rich Dad, Poor Dad: What the Rich Teach Their Kids About Money That the Poor and Middle Class Do Not!* (Paradise Valley, AZ: TechPress,1998).

第八章：美好人生，從完美一週開始

[1] Ken Robinson和Lou Aronica, *Finding Your Element: How to Discover Your Talents and Passions and Transform Your Life* (New York: Viking, 2013).

[2] Team Tony, "Stop Wasting Your Time!: Harness the Power of N.E.T. Time," Tony Robbins, March 6, 2020, https://www.ronyrobbins.com/productivity-performance/stop-wasting-your-time.

[3] David Finkel, "New Study Shows You're Wasting 21.8 Hours a Week," *Inc.*, March 1, 2018, https://www.inc.com/david-finkel/new-study-shows-youre-wasting-218-hours-a-week.html.

第九章：省時，也講究技巧

[1] Trung T. Phan, "Pela Case, The $100m Sustainable Phone Case Startup That Created a Category," The Hustle, January 19, 2021,

https://thehustle.co/01192021-pela-case.

第十章：雇人之前，標準優先

[1] "The One Question I Ask in a Job Interview," GaryVee TV, YouTube, July 13, 2016, https://www.youtube.com/watch?v=kYPkCWREPy0.

第十一章：根除問題的領導原則

[1] 請見Yaron Levi等作者，"Decision Fatigue and Heuristic Analyst Forecasts" (prepublication manuscript, July 20, 2018), doi:10.31234/osf/io/mwv3q.
[2] 《魔球》（*Moneyball*），由班奈特・米勒（Bennett Miller）執導（Culver City, CA: Columbia Pictures, 2011）.

第十二章：聽取回饋，拯救事業

[1] Shawn Baldwin, "The Great Resignation: Why Millions of Workers Are Quitting," CNBC, October 20, 2021, https://www.cnbc.com/2021/10/19/the-great-resignation-why-people-are-quitting-their-jobs.html.
[2] Baldwin, "The Great Resignation."
[3] 請見Naina Dhingra等作者，"Help Your Employees Find Purpose—or Watch Them Leave," McKinsey & Company, February 27, 2022, https://www.mckinsey.com/business-functions/people-and-organizational-performance/our-insights/help-your-employees-find-purpose-or-watch-them-leave.

第十三章：欲成大業，先做大夢

[1] David Cameron Gikandi, *Happy Pocket Full of Money, Expanded Study Edition: Infinite Wealth and Abundance in the Here and Now* (Charlottesville, VA: Hamptom Roads Publishing Company, 2015).
[2] 第一手資料採訪；引言來自記憶；人名已變更。

[3] Brian Johnson, 引自《提姆・費里斯秀》（*The Tim Ferriss Show*），提摩西・費里斯的話。

[4] Zat Rana, "Career Strategy: Don't Sell Sugar Water," CNBC, March 24, 2017, https://www.cnbc.com/2017/03/24/career-strategy-dont-sell-sugar-water.html.

[5] 參見 The Strategic Coach Team, "10x Is Easier Than 2x,"Strategic Coach, 2022年5月9日取得資料, https://resources.strategiccoach.com/the-multiplier-mindset-blog/10x-is-easier-than-2x.

[6] Alyssa Hertel, "Where Is Michael Phelps Now? Olympics Legend Focused on Mental Health and Family," *USA Today*, July 22, 2021, https://www.usatoday.com/story/sports/olympics/2021/07/22/michael-phelps-olympics-swimming-where-is-he-now/7930625002.

[7] Andy Bull,"Michael Phelps Taught a Lesson for Once—By Singapore's Joseph Schooling," *The Guardian*, August 13, 2016, https://www.theguardian.com/sport/2016/aug/13michael-phelps-taught-a-lesson-for-once-by-singapores-joseph-schooling.

[8] Gary Ng, "The Top 100 Meeting: Apple's Ultra Secretive Managerial Took," *iPhone in Canada* (blog), May 7, 2011, https://www.iphoneincanada.ca/news/the-top-100-meeting-apples-ultra-secretive-managerial-tool.

第十四章：打造人生腳本的暖身預備年

[1] "Evolution and History of the Department of Energy and the Office of Environmental Management," Department of Energy, https://www.energy.gov/sites/prod/files/2014/03/f8/EM_Overview_History.df.

[2] Edward Teller, "Scientists in War and Peace," *Bulletin of the Atomic Scientists* 1, no. 6 (1946):10-12.

[3] Meir Kay, "A Valuable Lesson for a Happier Life," May 4, 2016, https://www.youtube.com/watch?v=SqGRnlXplx0.

[4] 第一手資料採訪。

總結：把人生買回來

[1] Bryan Borzykowski, "Can Retirement Kill You?" Worklife, BBC, August 13, 2013, https://www.bbc.com/worklife/article/20130813-the-dark-side-of-the-golden-years.

一起來　0ZTK0053

把時間買回來

Buy Back Your Time

作　　者　丹・馬特爾 Dan Martell
譯　　者　張家綺
主　　編　林子揚
編　　輯　張展瑜
編輯協力　鍾昀珊

總 編 輯　陳旭華 steve@bookrep.com.tw
出版單位　一起來出版／遠足文化事業股份有限公司
發　　行　遠足文化事業股份有限公司（讀書共和國出版集團）
　　　　　231 新北市新店區民權路 108-2 號 9 樓
電　　話　02-22181417
法律顧問　華洋法律事務所　蘇文生律師

封面設計　Ancy Pi
內頁排版　宸遠彩藝工作室
印　　製　通南彩色印刷股份有限公司
初版一刷　2024 年 9 月
定　　價　460 元
I S B N　978-626-7212-97-4（平裝）

國家圖書館出版品預行編目（CIP）資料

把時間買回來 / 丹 . 馬特爾 (Dan Martell) 著 ; 張家綺譯 . -- 初版 . -- 新北市 : 一起來出版 , 遠足文化事業股份有限公司 , 2024.09
336 面 ; 14.8×21 公分 . -- (一起來 ; ZTK0053)
譯自：Buy back your time

ISBN 978-626-7212-97-4（平裝）

1. CST: 時間管理　2.CST: 創業　3.CST: 職場成功法

494.01　　113011215